Software Design plus

苦手を克服する本

データの操作がイメージできれば誰でもできる

生島勘富・開米瑞浩
－著－

技術評論社

●本書をお読みになる前に

・本書は、技術評論社発行の雑誌『Software Design』の2016年3月号～2017年8月号に掲載された連載記事『RDB性能トラブルバスターズ奮闘記』を再編集した書籍です。

・本書に記載された内容は、情報の提供のみを目的としています。したがって、本書を用いた運用は、必ずお客様自身の責任と判断によって行ってください。これらの情報の運用の結果について、技術評論社および著者はいかなる責任も負いません。

・本書記載の情報は、2019年3月現在のものを掲載していますので、ご利用時には、変更されている場合もあります。

・また、ソフトウェアに関する記述は、特に断わりのないかぎり、2019年3月現在での最新バージョンをもとにしています。ソフトウェアはバージョンアップされる場合があり、本書での説明とは機能内容や画面図などが異なってしまうこともあり得ます。本書ご購入の前に、必ずバージョン番号をご確認ください。

以上の注意事項をご承諾いただいた上で、本書をご利用願います。これらの注意事項をお読みいただかずに、お問い合わせいただいても、技術評論社および著者は対処しかねます。あらかじめ、ご承知おきください。

●商標、登録商標について

本書に登場する製品名などは、一般に各社の商標または登録商標です。なお、本文中に ™、Ⓡなどのマークは記載しておりません。

はじめに

中小企業を営んでいる私が、「IT業界にSQLを啓蒙しなければならない」と感じたのは、100名以上の技術者が参加していたプロジェクトで、プロジェクトマネージャーが「全員の定時を22時にしてほしい」と要請を出し、体調を崩して入院する人が多数出るという、絵に描いたようなデスマーチのプロジェクト（以下、D案件）を見たからです。

D案件では、JOINの間違い（本書の第1章 エピソード3で解説している結合条件と抽出条件の間違い）のため、膨大な工数をかけて、通常の数十倍から数百倍以上遅いクエリを大量に作っていました。結果、実行速度があまりに遅いことが大問題になり、何度もリスケ（予定の変更）を行っても終わらないという事態になっていたのです。

結局、人海戦術でなんとか収束させたようですが、それから10年前後経って（2017年）、当時から現在に至るまでD案件のシステム開発保守を担当している数名の技術者とたまたま話をすることができました。残念なことに、その全員がJOINの基本構文を理解しておらず、いまだに問題の原因に誰も気づいていませんでした。

ほかの言語では、「少し読みにくい」「少し書きにくい」というレベルの話でも、厳しくチェックされ指摘を受けます。ですから、10年以上第一線で活躍している技術者が基本構文を理解できていないということも、100人以上のプロジェクトで誰も指摘する人がいないということも、起こり得ないでしょう。

しかし、SQLでは、100名以上の技術者が2年もかけて丁寧な設計書を書き、数千個以上のクエリを書いて何度もレビューをしても、お客様から「実行速度があまりにも遅い」とクレームを受けても、誰も気がつかず、直せず、さらに10年も放置される。ということが、基本構文のレベルで現実に起きてしまうのです（その原因や、解決策については本書で詳しく解説しています。また、D案件のトラブルの詳細は「あとがき」で）。

逆に、SQLを正しく学ぶことができれば、実行速度で数十〜数百倍、開発工数で数倍の改善をするということになり、ほかの言語の「少し読みにくい」「少し書きにくい」という問題どころか、「どのフレームワーク、どの言語を選ぶか」といった問題すら「誤差」と呼べるほどの差がつきます。

私はその差を利用して起業しましたから、当初はノウハウを公開することにためらいがありました。しかし、啓蒙しなければD案件のようなプロジェクトは救えないと感じ、ブログなどを通じて公開し始めました。さらに幸運にも、開米氏という優秀な文書コンサルタントの手をお借りすることで『Software Design』誌で「RDB性能トラブルバスターズ奮闘記」という記事を連載することができ、このたび、その連載をまとめた本書を上梓（じょうし）するに至りました。連載から本書までご担当いただいた技術評論社の吉岡氏はじめ、ご指導、ご協力いただいたみなさまに感謝を申し上げます。ありがとうございました。

本書の内容と読み方について

SQLは手続き型プログラミング言語のいわばアンチテーゼ（最初の命題の反対の命題）として生まれたため、手続き型言語とまったく違う概念になります。そのため、先に手続き型（オブジェクト指向）言語を学んだ人にとっては非常にとっつきにくい言語です。それはSQLが難しいからではなく、SQLを手続き型言語と同じやり方で学び、同じやり方で解釈しようとしてしまうためでしょう。SQLを学ぶうえで手続き型言語を知っていることは、本来はマイナスにはならないのですが、「概念がまったく違う」ということが理解できていないと、ほかの言語を知っているがゆえに身につかなくなってしまいます。

ですから本書では、ほかの言語を学ぶときのような文法の解説を極力避け、どのようにイメージすれば良いか、ほかの手続き型言語とどう違うか、というところから解説するように心がけました。

また、多くの開発手法やプロジェクトの運用方法は、手続き型言語の考え方から発展してできています。そのため、開発手法としてもSQLの能力を活かすことが難しい構造になっています。しかし、SQLを理解する人が増えれば、SQLを活かすための開発手法というものがありますから、本書ではそのような提案も行っています。

本書は、プロジェクトの進め方まで幅広く解説した中・上級者向けではありますが、JOINのような基本構文についても解説していますから、以下を参考に立場に応じて読み方を変えていただいたほうが理解が進みます。

・コンサルタントやプロジェクトマネージャーの方に

D案件のようなプロジェクトは現在も数多くありますから、あなたの指示によってデスマーチを起こしてしまうこともあり得ます。あなた自身がSQLを書いたり直したりする必要はありませんが、あなたが理解していなければ的確な指示ができませんし、システムのグランドデザインからデスマーチに向かってしまいます。

本書を第3章、第4章、第5章の順で読んでください。

・SQLに苦手意識を持っている方に

SQLは、手続き型（オブジェクト指向）言語を得意とする人ほどとっつきにくく、苦手意識や、嫌悪感を抱いてしまうということがよく起こります。

苦手意識が刷り込まれている人、嫌悪感を抱いてしまっている人は、第2章を先に読んでください。

・入門者の方に

最初から順に読んでください。後半のプロジェクト運営に関わる部分は、将来、役に立つかもしれません。

本書が、みなさまの開発の一助になれば幸甚です。

生島 勘富

目次

第2章　SQLとデータベースのしくみ再入門　75

第3章 アプリケーションとデータベースの役割分担 117

第4章　間違ったデータベース設計とそれを修正するアイデア　149

第5章 開発を効率よく進めるためのアイデア 183

本書の登場人物

大道君

大阪のシステムインテグレータ「浪速システムズ」に入社して3年目の若手エンジニア。素直さとヤル気が取り柄。

生島氏

株式会社ジーワン・システムのDBコンサルタント。データベースの性能トラブルの応援のため、浪速システムズに来た。

五代氏

浪速システムズのベテランエンジニア。大道君の上司であり、プロジェクトマネージャーでもある。

第1章

SQL再入門

「SQLの文法は学んだ。けれど、ほしいデータを適切に取得するSQLをうまく書けない。長く複雑なSQL文を読みこなせない」。そんな壁にぶち当たっている人のために、SQLを使うときの考え方やイメージのしかたを解説します。

エピソード1

SQLは集合指向の言語と心得よう

とある開発現場で……

200X年のある日のこと、大阪のシステムインテグレータ、浪速（なにわ）システムズ株式会社（仮名）の一角で若手技術者の大道君と上司の五代さんが顔をつきあわせて悩んでいました。

五代　「遅い……」
大道　「遅いですね……」

問題はあるEC（Electronic Commerce、電子商取引）サイトの商品一覧画面。お客様がインターネットを通じてアクセスし商品カテゴリを選ぶと、該当するカテゴリの商品一覧をその時点の在庫数量とともに表示する、この商品一覧画面の表示が遅いことに困っていたのです。大道君は数日前からこの問題を解決しようと悪戦苦闘していましたが、いっこうに進展がありませんでした。今もちょっとした修正をしてあらためてテストしてみたところですが、相変わらず画面は返ってきません。

五代　「……来た。タイムは？」
大道　「3分です」
五代　「変わらんか……しゃあない、奥の手出したるか!!」
大道　「奥の手？」

いぶかしむ大道君の横で五代さんはあるところに電話をかけました。

1.1 本番システムの商品一覧画面が遅い！

長いこと大阪でシステム開発会社を営み、ECや生産管理などのシステム開発に携わってきた私、ジーワン・システムの生島勘富は、リレーショナルデータベース（以下、RDB）がらみで相談を受けることがよくありました。今回の話もそんな相談の1つで、話を単純化してはありますが、今からXX年前の実話です。

五代さんからの依頼を2つ返事で引き受けて状況を聞いてみたところ、画面自体はどこのECサイトにでもあるような何の変哲もない商品一覧でした。データ構造もとくに性能に影響しそうなところはなく、普通に作れば1秒もかからないだろうと思われました。それが3分もかかるというのは確かに異常です。

生島　「開発中も遅かった？」
大道　「いえ、本番のデータを食わせたら遅くなったんです」
生島　「開発用のデータは本番と同じ件数ある？」
大道　「ありません。1/100もないと思います」

これもよくあるパターンですので、次からは早めに本番と同じデータでテストしておくべきでしょう。

大道　「やっぱりそうですよね……次からはそうします」

お、素直なリアクション。若いときにこの姿勢はとくに大事。見どころあるじゃないか、と密かに思いつつ、次はプログラムを見せてもらいました。

1.2 原因はアプリ側でデータ集計を行っていたこと

プログラムを見ると原因はすぐにわかりました。在庫数量は入荷数量の合計から受注数量の合計を引くことで得られますが、要するにその集計処理をアプリケーション（以下、アプリ）側で行っていたのです（**図1-1**）。

図1-1　怒濤の二重ループ構造による性能悪化

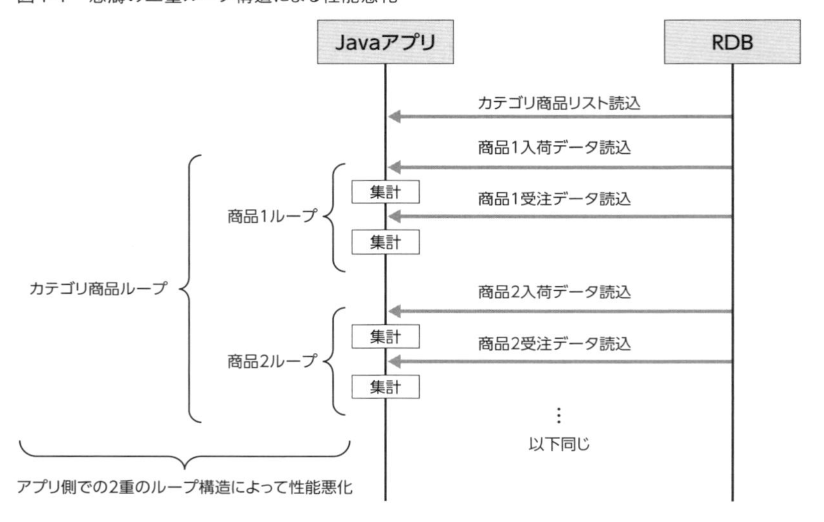

生島　「ふむ……問題はこれやな」
大道　「えっ、わかったんですか？」

と驚く大道君。まあ、この2週間ほど上司と2人で四苦八苦してダメだったのに、DBコンサルタントの生島とかいう知らないオッサンに30分もしないうちに「わかったでえ」とか言われても、にわかに信じられないことでしょう。それは無理もないことなので、その場で簡単なプログラムを作ってみせたところ、応答時間は3分から1秒以下に縮まりました。その差約200倍。大道君、口あんぐり状態。

本来この集計処理は**図1-2**のようにデータベース（以下、DB）側で1本のSQL文で行い、集計済みのデータを一度にアプリ側に転送するべきものでした。

図1-2　本来はSQL文一発で読んでこなければならない

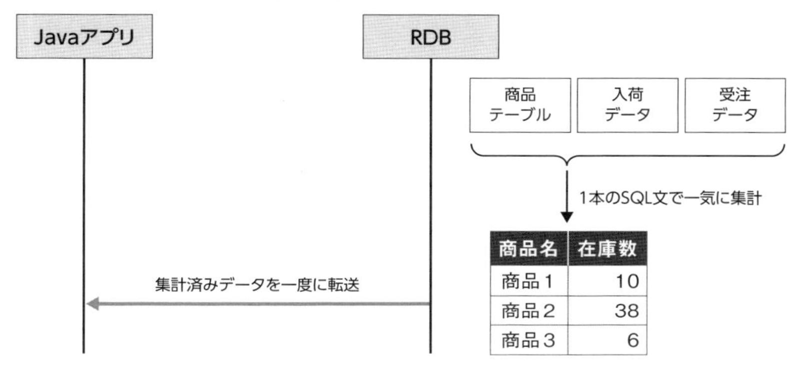

商品名	在庫数
商品1	10
商品2	38
商品3	6

それをアプリ側のループ処理でやろうとすると、ループの回数分だけSQLを発行することになるため、何百何千……下手をすると何千万回ものSQL文が飛ぶことになり、①SQL文の送信・パース・コンパイル回数、②DBサーバとAPサーバ間のデータ転送量、③AP側の実行命令数、という3つの点で不利になり、負荷が重くなりやすいのです。

1.3 なぜアプリ側でSQL発行ループを書こうとしてしまうのか？

さてこのパターン、アプリ側で多重にループを回してその中でSQL文を発行することになるので怒濤（どとう）の多重ループ問題とでも呼んでおきましょう。単純ですが性能トラブルの原因としてよく見かけるものです。ひどいときには7重ループで実装されていたこともありました。原因はすぐにわかりましたが、問題はなぜこれを自力で解決できず、私のところに相談が回ってきたのかということです。率直に言ってこの多重ループ問題、RDBとSQLの基本を知っていれば起こすはずがありませんし、たとえ起きてもすぐわかるはずなのです。それがわからなかった、ということは……

RDBとSQLの基本を知らずに設計・プログラミングをしているのか？

そう考えざるを得ない事例を、私は長年見てきました。現代のWeb系システム開発、とくに業務系の開発ではRDBは必ず使われると言って良いでしょう。にもかかわらず前述の事例のようなケースに限らず、RDBの基本をわきまえていないと考えざるを得ないような設計をよく目にします。そしてこれは根本的には会社の組織体制に問題がある、と私は考えるようになりました（**図1-3**）。

図1-3　DB技術を重視しない組織体制が根本原因

「システムの性能が悪い」問題を受けて原因を調べると「SQLの使い方が悪い」部分が見つかります。コードは直せば動きますが、実際には「設計者がRDBとSQLのしくみをわかっていない」場合は同じ失敗を繰り返しますので、教育が必要です。しかし、現実には「DB技術者が育たない組織体制になっている」会社が多いのです。

生島　「こういう多重ループはアカン、て、誰か教えてくれへんかった？」
大道　「いえ、誰も……」
生島　「SQLは集合指向の言語やって、聞いたことないか？」
大道　「集合指向？　なんですかそれ？」

この答えが象徴しているように、きちんと教えてくれる先輩が身近にいなかったわけですね。技術というのは日々の実践で向上していくものなので、社外に1日2日の研修に出すだけでは限界があります。教育をするにしてもそれが可能な組織体制でない限り成果は上がりません。とはいえ、組織体制を変えるには会社を動かす必要があります。それに対して勉強だったら自分がやれば済むことなので、エンジニア自身で1人でもできます。というわけで、本書ではまずDB技術を学びたいエンジニアに役立つ情報提供をしていきます。まずは集合指向言語と手続き型言語の違いを押さえておきましょう。

1.4 SQLは「集合指向」言語です

現在のIT技術者がおもに使うプログラミング言語というと、C/C++、Java、JavaScript、C#、Python、PHP、Ruby、Visual Basicなどが挙げられますが、これらはいずれも「手続き型言語、またはそれを発展させたオブジェクト指向言語」であり、コードの細部は手続き型の考え方を基本としています。一方、RDBへの問合せに使うSQLは「集合指向」という、手続き型とは根本的に異なる設計思想を持った言語です。これが、一般のIT技術者にとってSQLの理解を難しくしている原因なのです。では、手続き型と集合指向ではどのように違うのでしょうか？

手続き型言語では実行順序を記述する

図1-4に食材からカレーやシチューのような料理を作る作業をイメージしたフローを示しました。

図1-4　手続き型言語の処理モデル

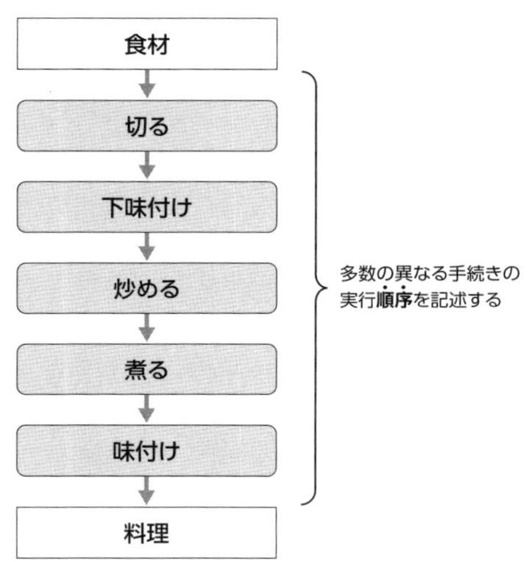

手続き型言語が想定しているのはこのように「多数の異なる手続きの実行順序を記述する」ことです。そしてその際よく出てくる特定のパターンを簡潔に書くために、「判断」「繰り返し」のような制御構造、あるいはサブルーチン化、例外処理、オブジェクト指向といった仕様が導入されてきました。その具体的な仕様は個々の言語によって違いますが、「実行順序を記述するものである」という基本は手続き型言語に共通しています。

SQLでは範囲指定で同じ操作を一括適用する

一方、SQLが想定しているのは**図1-5**のようなモデルです。

図1-5　集合型言語（SQL）の処理モデル

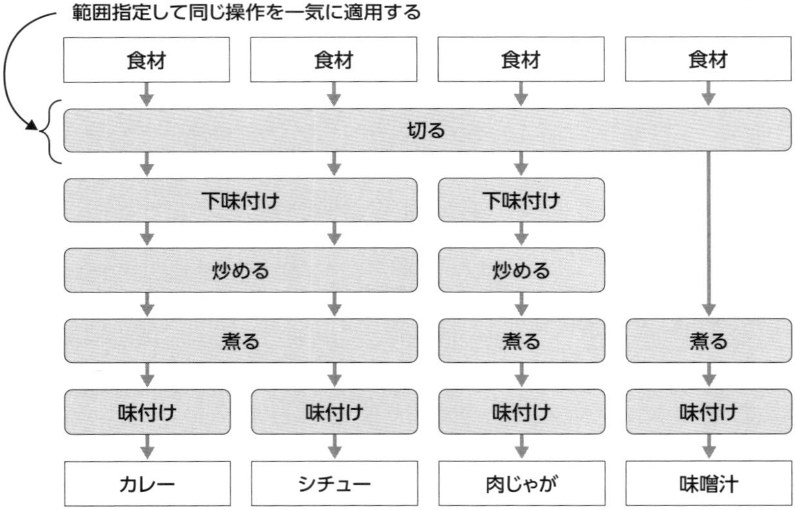

範囲指定して同じ操作を一気に適用する

食材　食材　食材　食材
切る
下味付け　下味付け
炒める　炒める
煮る　煮る　煮る
味付け　味付け　味付け　味付け
カレー　シチュー　肉じゃが　味噌汁

こちらは、ホテルの宴会場のような場所で、何種類ものメニューを一気に大量に作る場面をイメージしてください。最終的にできる料理がカレー、シチュー、肉じゃがと違っていても、中には共通の部分があります。たとえば「食材を一口大に切る」ところはすべての料理に共通だから一括してできるし、カレーとシチューについては味付け以外は共通なのでまとめられるでしょう。SQLはこのような場面で「範囲指定して同じ操作を一括適用する」ための言語なのです。手続き型言語は**図1-4**の縦方向の処理、SQLは横方向の処理に向いているわけです。

こうした違いが典型的に表れるのが、「ループ」です。

リスト1-1と**リスト1-2**のコード例はいずれも「注文データを集計して金額の合計、最大、平均を出す」という想定のものですが、手続き型言語の例（**リスト1-1**）ではsum、maxやiといった作業変数とif文、for文を使ったループ処理があり、SQLの例（**リスト1-2**）ではそれがないことに注目してください。

リスト1-1　手続き型言語（Java）での集計処理
（orders配列のBillingの合計、最大、平均値を算出）

```
int sum = 0, max = 0, avg = 0;
for(int i = 0; i < orders.length; i++){
  sum += orders[i].Billing;
  max = (max > orders[i].Billing) ? max : orders[i].Billing;
}
if(orders.length > 0) avg = sum/orders.length;
```

いくつもの作業変数、判断／ループ処理が必要で、バグが入り込みやすい

リスト1-2　集合指向言語（SQL）での集計処理
（orderテーブルのBillingの合計、最大、平均値をcustomer_idごとに集計）

```
SELECT customer_id, sum(Billing) , max(Billing), avg(Billing)
FROM order
GROUP BY customer_id;
```

作業変数も判断もない単純なコードなので、バグが入りにくい

SQLでは「同じ性質を持ったデータの集合に対して同じ操作を一括適用」するのが基本です。ループ制御構造を記述する必要がない分、SQLの例のほうが簡潔に書けていることがわかりますね。制御構造が不要ということはバグも入りにくいということです。

しかも、SQLのコード例が「customer_idごとに分類して集計」しているのに対して、手続き型言語のコード例では全体を集計しています。もし手続き型言語でもcustomer_idごとに分類しようとして、そのために連想配列を使わずにもう一段ループをかますと……はい、こうして「怒濤の多重ループ構造」が発生するわけです。

設計思想が違うものは理解しにくい

リスト1-2のSQLには作業変数もループもない、ということにあらためて注目してください。「変数」や「ループ」と言えばプログラミングの基本中の基本

であり、プログラミング言語を初めて学ぶときに最初に超えなければならないハードルですが、SQLではそれが必要ありません。根本的に設計思想が違うため、このような差が出ます。

大道　「設計思想……って、何ですか？」
生島　「データを処理するためにコードを書く、これはどんな言語でも同じ（**図1-6**）。それが一定のパターンで同じことを繰り返す処理だったとき、よし、じゃあそのために『ループ』構造を簡単に書けるようにしよう！というのが手続き型言語の発想。C言語のfor（**初期化式；条件式；更新式**）という構文がその例で、ループの制御パラメータをひとまとめに書けるから多くの手続き型言語に似た構文がある」

図1-6　設計思想の違い

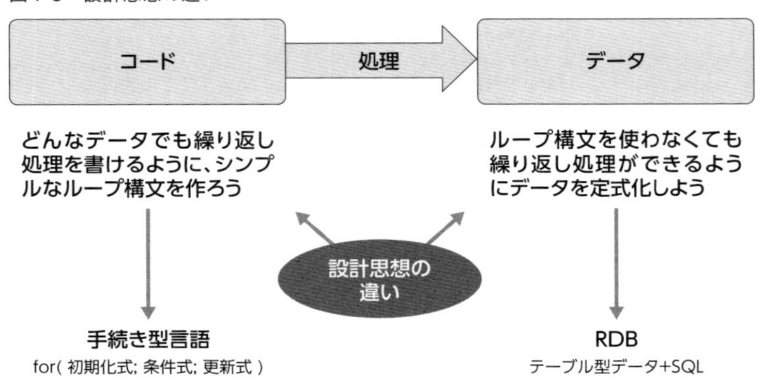

大道　「そういえば、for文ってCでもC#でもJavaでもありますね」
生島　「あるやろ？　一方で、『ループを使わなくても繰り返し処理ができるように、データのほうを一定のパターンにしてしまえ！』というのがSQLの発想。これが設計思想の違い」
大道　「ループを使わなくて済むように……ですか！」

ループ処理というのは「**初期化式；条件式；更新式**」と3つの式が必要なことからもわかるとおり、何かとバグが入り込みやすい部分です。手続き型言語ならプログラマが指示しなければならないそれらのパラメータを、SQLでは書かなくて良いのでプログラムが簡単になりますし、書かないコードにはバグが入る余地もなく、おまけに高速でマシンの負荷も低い、と良いことずくめです。しかし、設計思想が違うため理解しにくく、実際理解していないエンジニアが多いのです。

大道　「集合指向ってそういうことだったんですか……全然知りませんでした」

大道君は経験が浅いので知らないのはしかたがないとしても、10年以上の開発経験のあるエンジニアでもわかっていないケースが後を絶ちません。問題は、なぜ「全然知らない」という状態が生まれるかです。実は、SQLをきちんと理解せずにRDBMS（Relational Database Management System）を単なるストレージのように考えていてもデータの保存や検索はできますし、そうすれば今回の遅いコードのように手続き型の概念のままで使えて、一応の答えを出せてしまいます。そこで「よくわかんないし、ちょっと遅いけど動いたからいいか」で済ませてしまうと一生理解が進みません。

近年はSQLを手続き型言語の感覚で使えるようにしてしまうO/Rマッパーのようなライブラリなども広まっていますし、「遅い」という問題はマシン性能の向上で表面化しない場合もあります。これらの事情がますますITエンジニアをSQLの本質的な理解から遠ざけているとも言えそうです。

しかし、本当にSQLの設計思想を知らないままでRDBを使っていて良いのでしょうか？

設計思想を知らないと根深いトラブルを引き起こす

もちろん、良いはずがありません。設計思想を知らないと根深いトラブルを引き起こしやすいのです。今回の遅いコードもRDBとSQLの設計思想を知っていれば、絶対にやらないはずの間違いでした。O/RマッパーはSQL文ジェネレータとしては便利ですが、ジェネレートされるSQL文の本質的な意味を知らずに使うと、やはり同様の間違いを助長してしまいます。

大道　「プログラミング言語はどれか1つ覚えてしまえば、ほかの言語にも応用がきく、と聞いていたんですが……」
生島　「手続き型の言語同士ならそのとおりなんやけどな。集合指向言語は感覚が違うんよ」

手続き型言語の感覚でSQLを学ぼうとしてもうまくいかないので、ゼロからやりなおすつもりで取り組むべきなのですが、SQLを設計思想から教えてくれる先輩はなかなかいません。その結果「よくわからん。なるべく使わないでおこう……」とSQLから逃げると、本来SQLで処理すべきことまで手続き型言語で書くようになります。その行き着くところがこの「怒濤の多重ループ問題」のような事例です。そんなケースを私はこの20年間何度も見てきました。

大道　「多重ループは絶対にやっちゃいけないんですか？」
生島　「まずは全力でなくす方向で考えること。使ってもいい場合がないこともないけれどね。でないと、複雑な帳票では7重、8重のネスト構造になってしまう。そうなってから1つのSQLに直そうとすると、仕様書からソースコードまでまったく別物やから、無駄になる工数・納期は、今回の数倍になるよ」
大道　「多重ループを使わないってことは……発行するSQL文は今より複雑になりますよね」
生島　「そのとおり」
大道　「SQLが複雑になっても、こういう繰り返し処理はできるだけDB側でやらせて、最後の結果だけを一発でアプリに返すほうがいいんですか？」
生島　「そのとおり！」

そう、そこが本質なんです。大道君、なかなか筋がよさそう。私は少しずつ、彼に期待したくなっていました。きちんと勉強すれば伸びるタイプでしょう。

下世話な話をすれば、フロントエンドやサーバサイドの開発言語はかつてのCOBOLやCに始まって現代のJava、C#、Visual Basic、Ruby、PHP、Go、Kotlin、JavaScriptなど無数に存在し、中には事実上消えたものもあります。しかし、RDBとSQLは誕生して50年使われ続けており、今後も消えることは考えられません。つまりSQLは今後もずっと使い続けられるであろうという意味で「学んで損のない言語」です。大道君のような若い技術者にこそきちんと学ぶことをお勧めします。

1.5 役割分担が適切にできていない

そもそもアプリケーション開発に関わるテクニカル・スキルは大きく2種類あり、UI層（ビジネス・ロジックを含む）は手続き型言語、DB層は集合指向言語（SQL）の領域なのです（**図1-7**）。

図1-7　集合指向言語と手続き型言語の役割分担

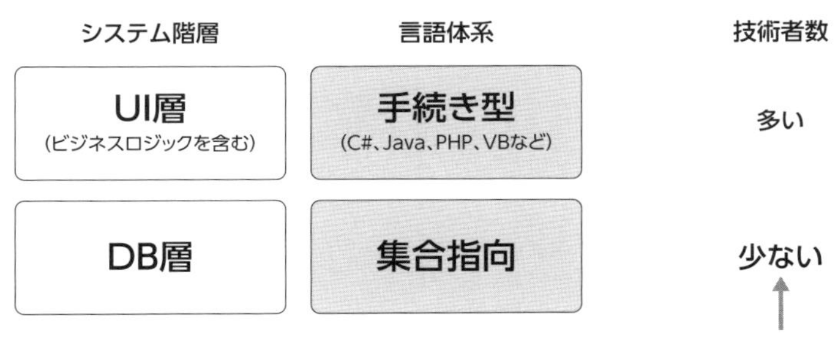

ところが手続き型言語を使い慣れた技術者に比べて熟練のDB技術者は少ないため、適切な役割分担ができていないケースが非常に多いのが現実です。その結果SQLを使うべきところできちんと使えないと、性能悪化・開発工数の増加などの問題を引き起こしてしまいます。この問題を解決するためには、

- 課題1：経営者がDB技術の重要性を理解して、技術者間で適切な役割分担ができる組織体制を組む
- 課題2：SQLをきちんと理解している技術者を増やす

という2つの課題をクリアすることが必要です。

大道　「ちゃんと勉強すれば、僕にもできますか……？」
生島　「あったり前やないか。やったらできるもんやで。やるか？」
大道　「やります！」

生島　「今からがんばったら、大阪で3本の指に入る技術者になれるわ」

　若いエンジニアがその気になったのなら、オジサンもがんばらなければいけません。というわけで、第2の課題である「技術者育成」のために、本書では現場の技術者に直接役に立つ性能トラブル事例を手がかりにして、集合指向言語としてのSQLの特性を理解しやすい技術解説を提供します。また、第1の課題である組織体制についての提言も随時行いますので、よろしくご期待ください。

エピソード2

SELECT文はカタマリを切り出す形でイメージしよう

プラモデル的発想と彫刻的発想

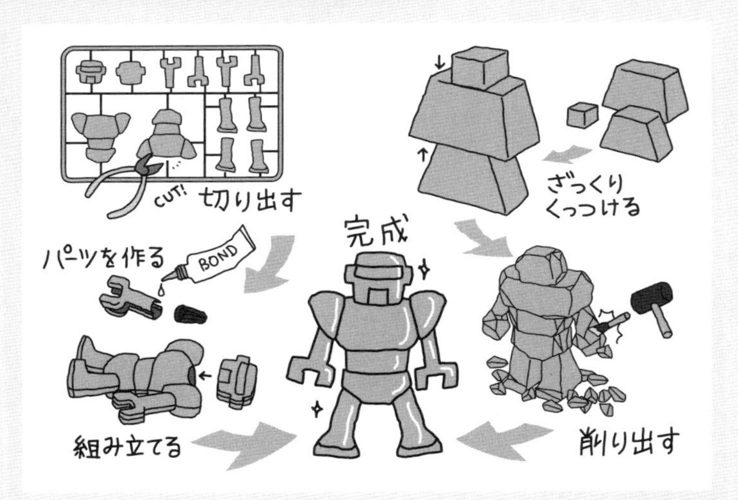

手続き型言語で開発するときは「小さなものを作って組み合わせる」プラモデル的発想になりがちだけど、それがSQLを考えるときの大きな壁になるんやで。SQLは木彫り彫刻を作るみたいに、ザックリ大きくカタマリを切り出してから少しずつ削っていくような考え方をしなきゃあかんのや（生島氏談）。

2.1 SQLで大事なのは「表形式のカタマリを操作する」イメージ

浪速システムズの若手エンジニア大道君にとって、「アプリ（以下、AP）側から多重ループでデータベース（以下、DB）を呼び出すような処理をしてはいけない」という前回の指針はかなりの衝撃だったようです。というのも、その指針を守ろうとすると、どうしてもSQL文が複雑なものになるからです。

大道　「複雑なSQL文はできるだけ書くな、と前の上司から言われたことがあるんです。もう辞めちゃった人なんですけど」
生島　「そら困ったもんやな。本来は、複雑なSQLも使いこなせるようにキッチリ勉強せえ！が正しいんやけどな」

実はこんなふうに「複雑なSQLを書くな」という方針で開発している現場は少なくありません。そんな方針を立てる理由を聞いてみると、出てくる答えはだいたい次のようなものです。

(1) 複雑なSQL文を使うと遅くなる
(2) 複雑なSQL文はメンテナンスしづらく、バグの温床になる

しかし、これらはいずれも間違っています。理由の (1) は見当違いもいいところで、「複雑なSQLを使わない」となると必然的にAP→DB呼び出しの多重ループが多発するため遅くなります。それは大道君も現に多重ループで3分かかっていた処理が1秒になるのを目にして理解し始めたようですが、(2) のほうについてはまだピンと来ていないようです。

これはある意味無理もない面があります。たとえば、実際にある倉庫で理論在庫を算出するのに使ったSQL文 (**リスト2-1**) を見てみましょう。

リスト2-1　理論在庫を算出するSQL

```
SELECT
  商品マスタ.商品CD
  , 商品マスタ.商品名
  , 商品マスタ.定価
  , (SELECT COALESCE(SUM(棚卸数), 0)
      FROM 在庫データ
      WHERE 在庫データ.商品CD = 商品マスタ.商品CD)
  + (SELECT COALESCE(SUM(入庫数), 0)
      FROM 入庫データ
      WHERE 入庫データ.商品CD = 商品マスタ.商品CD
        AND NOT EXISTS (SELECT * FROM 在庫データ
          WHERE 在庫データ.商品CD = 入庫データ.商品CD
            AND 在庫データ.倉庫CD = 入庫データ.倉庫CD
            AND 在庫データ.棚卸日 > 入庫データ.入庫日)
  )
```

```
  - (SELECT COALESCE(SUM(出庫数), 0)
      FROM 出庫データ
      WHERE 出庫データ.商品CD = 商品マスタ.商品CD
        AND NOT EXISTS (SELECT * FROM 在庫データ
          WHERE 在庫データ.商品CD = 出庫データ.商品CD
            AND 在庫データ.倉庫CD = 出庫データ.倉庫CD
            AND 在庫データ.棚卸日 > 出庫データ.出庫日)
  )
    AS 理論在庫数
FROM
  商品マスタ
WHERE
  画面からの検索条件(例えばカテゴリーで絞る);
```

確かにこういうものは複雑なように見えるかもしれません。そこで試しに**リスト2-2**のように書き換えてみるとどうでしょう？　**リスト2-2**は擬似SQLで、実際には動きません。

リスト2-2　理論在庫を算出する擬似SQL

```
棚卸数 = SELECT COALESCE(SUM(棚卸数), 0)
         FROM 在庫データ
         WHERE 在庫データ.商品CD = 商品マスタ.商品CD;

入庫数 = SELECT COALESCE(SUM(入庫数), 0)
         FROM 入庫データ
         WHERE 入庫データ.商品CD = 商品マスタ.商品CD
           AND NOT EXISTS (SELECT * FROM 在庫データ
             WHERE 在庫データ.商品CD = 入庫データ.商品CD
               AND 在庫データ.倉庫CD = 入庫データ.倉庫CD
               AND 在庫データ.棚卸日 > 入庫データ.入庫日);

出庫数 = SELECT COALESCE(SUM(出庫数), 0)
         FROM 出庫データ
         WHERE 出庫データ.商品CD = 商品マスタ.商品CD
           AND NOT EXISTS (SELECT * FROM 在庫データ
             WHERE 在庫データ.商品CD = 出庫データ.商品CD
               AND 在庫データ.倉庫CD = 出庫データ.倉庫CD
               AND 在庫データ.棚卸日 > 出庫データ.出庫日);

理論在庫数 = 棚卸数 + 入庫数 - 出庫数;

SELECT
  商品マスタ.商品CD
  , 商品マスタ.商品名
  , 商品マスタ.定価
  , 理論在庫数
FROM
```

```
  商品マスタ
WHERE
  画面からの検索条件(例えばカテゴリーで絞る);
```

大道　「あ、これならわかります！　そうか、複雑に見えましたけど要するに棚卸数に入庫数を足して出庫数を引いて理論在庫を出してるんですね、それだけのことなんですね」

生島　「そういうこと。一見複雑に見えるかもしれんけど、SQLの処理は一定のパターンになるから、その感覚がわかれば、if文のお化けになりがちな手続き型言語の処理よりもずっと簡単に理解できるんよ」

大道　「一定のパターンというのはどういうことでしょうか？」

生島　「カタマリを切り出してつなげてまとめる、ってことやね」

単純化すると**図2-1**のようなイメージになります。

図2-1　SELECTは「カタマリを切り出してつなげてまとめる」働きをする

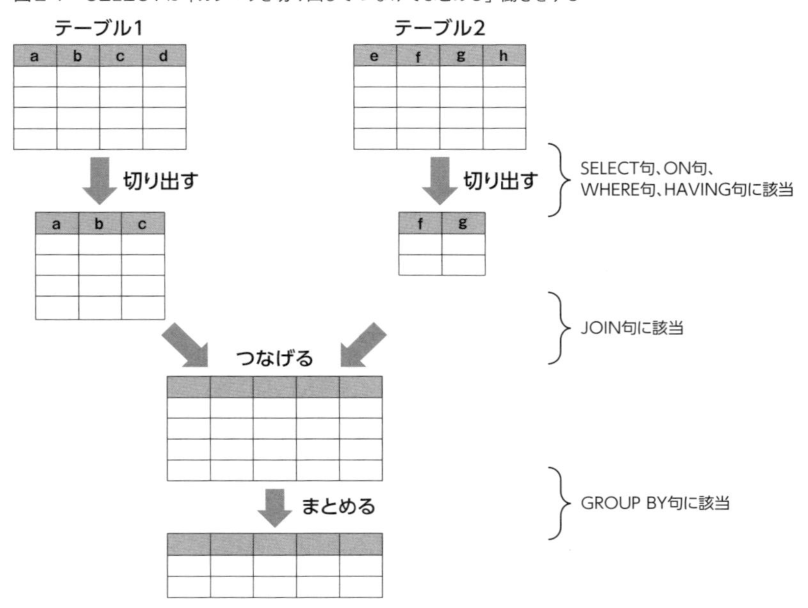

テーブルを表形式のカタマリと考えて、その一部を切り出して新たなカタマリを作り、それをつなげて、まとめて、最後にできるものもやはり表形式のカタマリというわけです。

JavaやRubyのような一般のプログラミング言語は、多種多様なロジックを柔軟に記述できます。たとえばデータ構造だけでも、キュー／スタック／ツリーなど、まったく違うパターンの構造を記述できますし、GUI部品ではフレーム／ラベル／ボタン／チェックボックスなどやはり多様な構造を持っています。それに対してSQLでは表形式しか扱いません。表形式データの処理に特化しているのがSQL（RDB）というデータ処理系の特徴です（**図2-2**）。

図2-2　SQL（RDB）は表形式データに特化したデータ処理系

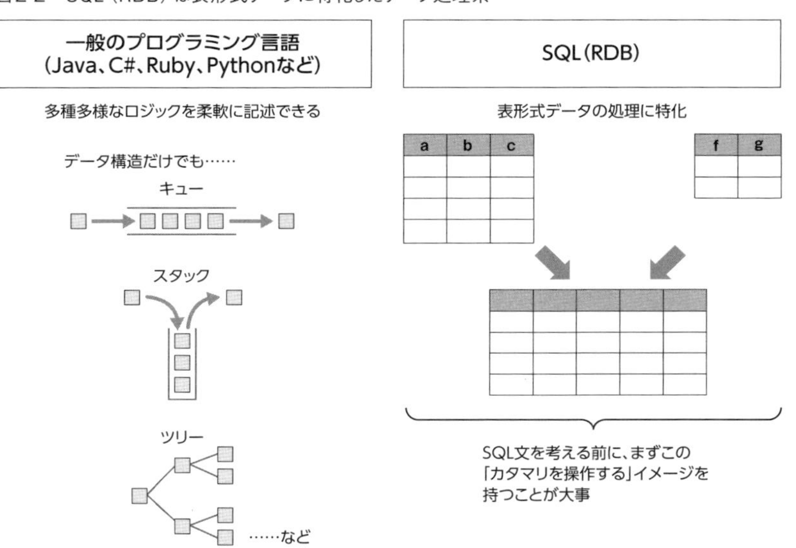

そこで、SQLを理解するためにはSQLの文法を考えるよりもまず先に、「表形式のカタマリを操作する」イメージを持つことが大事です。そのイメージがないままで文法からSQLを覚えようとしても、使いこなせるようにはなりません。

この「イメージ」を持っていればSQLほど簡単な言語はありません。実際、単なる派遣の事務職員でも普段Excelでこの種のデータ処理をしている人ならあっという間にSQLを使いこなすようになってしまうのを私は何度も見てきました。

プログラミング経験のない事務職員が簡単に覚えてしまう一方で、Javaでゴリゴリのif文を書いているようなエンジニアが苦手意識を持つというのがSQLの不思議なところです。その差は要するに「表形式のデータ操作イメージを持てているかどうか？」にあります。

2.2 表形式のデータ操作イメージを持つとは

大道　「イメージを持つ、というのがイマイチまだピンと来てないんですけど……」

生島　「図にするとこういう感じだよ。表を操作するところを**アタマの中で映像化できるかどうか**がポイントだね」

図2-3　最終的に欲しいカタマリのイメージから逆算して考える

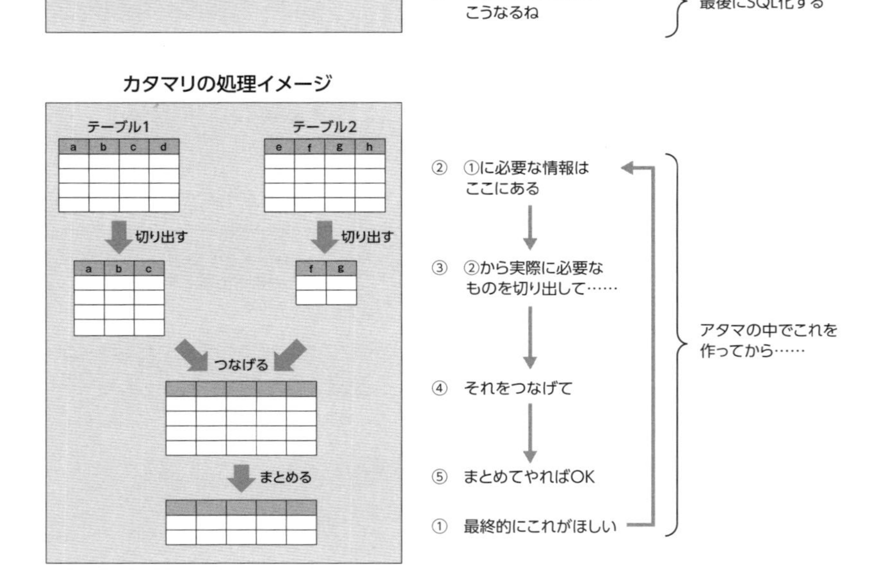

まず**図2-3**の一番下、①最終的にどんなデータがほしいかを考えます。それをExcelの表のイメージで脳内に映像化するわけです。あとはその最終形をどうやって作るかを考えますが、そこでもSQL文ではなく脳内で表のイメージを描いてください。②で最終形に必要な情報を持つテーブルをイメージし、③そこから必要な部分だけを切り出すところをイメージし、④それをつなげて1つの大きな表を作り、⑤それをまとめて最終形を作る、というところまでアタマの中でイメージを作ったら、それを最後にSQL化するとできあがりです。

大道　「イメージっていうのは、映像なんですか？」
生島　「そう、映像。目をつぶってもExcelの表の映像ぐらい思い浮かべられるやろ？　ただの表なんやから。それを何枚も切ってつないでまとめていくところをアタマの中に描くわけや。それができたらSQLは簡単だよ」
大道　「そんなこと、聞いたことがありませんでした」

聞いたことがないというのも無理はありません。どういうわけかSQL入門のような書籍でも文法的なところを中心に解説しているものが多くて、脳内で表操作のイメージを持つことの重要さを強調しているものはほとんどないのです。

その結果起きているのが、「SQLを使えない開発者」の大群です。表操作のイメージなしでSQLを使ってもピンと来ないので、そういう人が「複雑なSQLを書くな」というガイドラインを作ったりするわけですが、本末転倒としか言いようがありません。

とはいえ、そんなガイドラインが出てくる理由も想像はつきます。一般のプログラミング言語では「複雑な処理は細かく分割して部品化する（ファンクション、メソッドなど、具体的な名前は言語によりまちまち）」というのが、コードの可読性を良くしメンテナンスしやすくするための鉄則とも言えるセオリーなので、その感覚の延長で考えると「複雑なSQLは書くな」と言いたくなるのでしょう。

試しに理論在庫算出のアルゴリズムを手続き型言語で書くことを想定しておおまかな処理の流れを描くと、**図2-4**のようになります。

図2-4　理論在庫算出処理のフロー

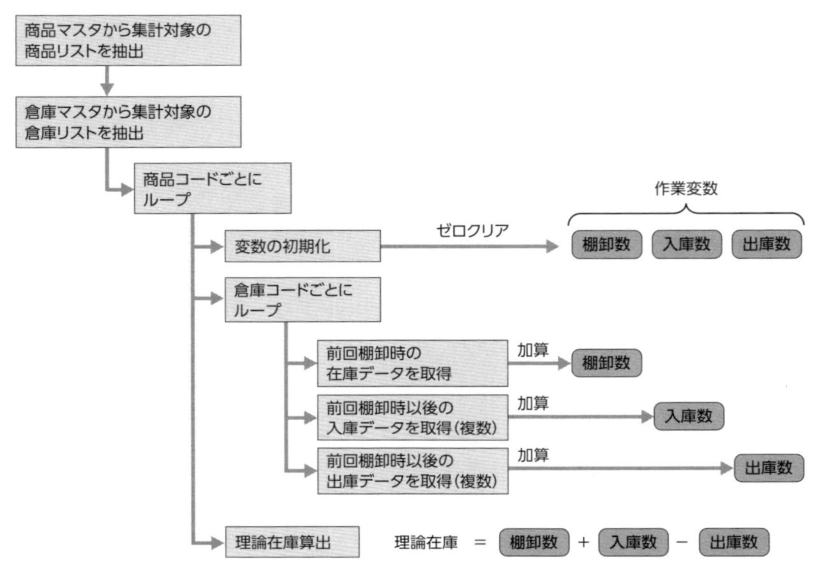

こんなフローを見たら、ループの部分や棚卸数、入庫数、出庫数を集計する部分をそれぞれサブルーチン化したくなることでしょう。そうすればそれぞれのサブルーチンで使うSQL文は単純なものになり、メンテナンスしやすいかのように見えます。こうしてDBアクセスを壊滅的に遅くする多重ループ処理ができあがります。

大道　「あ、そうですね。まさにこう作っていました。何の疑問も持たずに……。まさかこれが**リスト2-1**のSQL1本でいけるなんて考えませんでした」
生島　「これからは脳内で表操作のイメージを持つようにするとええよ」
大道　「それは慣れの問題なんでしょうか？　複雑なものでも怖がらずにSQLを何度も何度も書いて使っていればできますか？」

慣れの問題か、というとおそらくそれだけではなさそうです。RDBキャリア10年以上というようなエンジニアでもこれをわかっていない人が多い一方で、Excel使いの事務職員が短時間でSQLをマスターしてしまうことがあります。その差はおそらく「複数の表を切ってつないでまとめる」という操作を、実際に手を動かしてやってみた感覚があるかないかだと思われます。実は私自身もSQLを知る前はExcelの代わりにLotus 1-2-3（かつてメジャーだった表計算ソフト）でそんな作業をよくやっていました。

複数の表のデータを切ってつないでまとめる手順を手作業でやるのが面倒だったので、「こういう作業、何か簡単に汎用的にできないかな～」と自分でマクロを書いてしくみ化しようとしたりしていたので、SQLを知ったときは「これだ！」と思って飛びつきました。そんなバックグラウンドがあればSQLはまさに「手になじむツール」です。逆にそんな経験が日常的にはあまりない場合は意識的に経験を補う必要があるでしょう。

そのための具体的な方法は大きく2つあります。1つはExcelを使って「切ってつないでまとめる」データ処理の操作を手作業で体験してみる方法で、これについてはエピソード5で後述します。もう1つはその操作を脳内ではなく紙の上に映像化してみる方法です。今回はその話を説明しましょう。

2.3 表形式のデータ操作イメージを描く方法

まずは行と列のカタマリを切り出す操作です。在庫の話だと複雑になるので、簡単な社員名簿の例を**図2-5**に挙げました。

図2-5　行と列のカタマリを切り出すイメージ

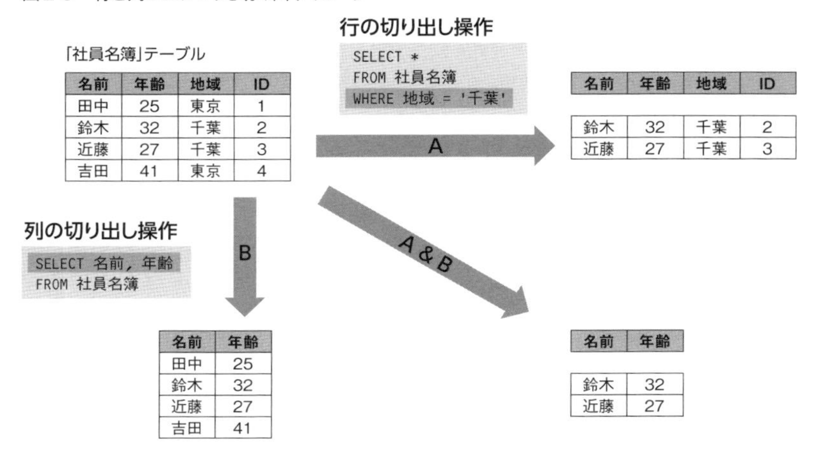

名前、年齢、地域、IDが載っている簡単な「社員名簿」テーブルが大元の「カタマリ」です。このカタマリから「一部の行を切り出す」のがAの操作で、切り出す行をWHERE句で指定します。一方、「名前、年齢」という「一部の列を切り出す」のがBの操作で、切り出す列をSELECT句で指定します。もしAとBの両方をやると右下のようなカタマリが切り出せます。

カタマリを切り出したものもやはりカタマリ、つまりテーブルになっているので、さらにSELECT操作をすることができる、ということに注意してください。それを重ねていくことで、ループなしでの複雑なデータ処理が可能になります。具体的には**図2-6**を見てください。

図2-6　サブクエリを使った切り出し・集計処理イメージ

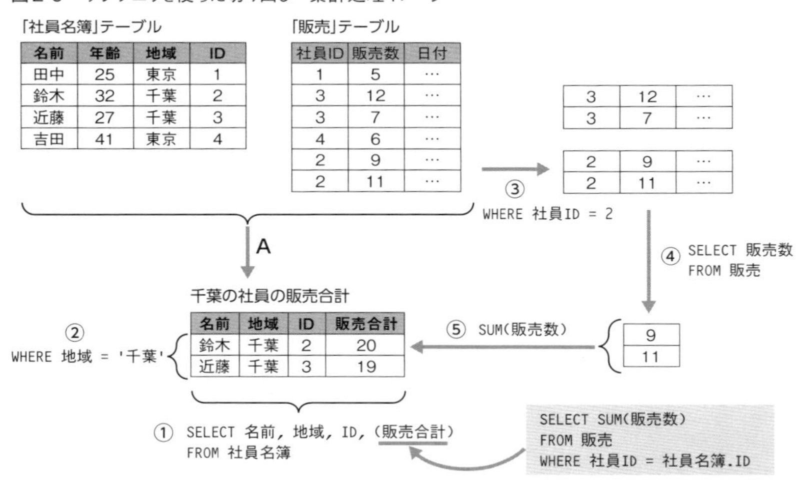

社員の販売数を記録した「販売」テーブルを集計してみましょう。たとえば、千葉の社員のみの販売実績を集計して**図2-6**の下部にある「千葉の社員の販売合計」テーブルがほしいとします。ベースになるのは「社員名簿」なので、①FROM句で「**社員名簿**」、SELECT句で「**名前 , 地域 , ID**」を指定します。「**販売合計**」は社員名簿には存在せず、集計して出すためいったん括弧に入れておきます。また、②WHERE句には「**地域 = '千葉'**」を指定します。

次に社員別の「販売合計」を出します。社員ID＝2の場合を例示すると、③「**販売**」テーブルから「**社員ID = 2**」の行を切り出し、④そこから「**販売数**」の列を切り出し、それを⑤「**SUM(販売数)**」で集計すれば販売合計になります。この③④⑤を1つのSQL文として組み立てると右下のSELECT文になりますので、これを①の括弧内の「**販売合計**」の欄に入れてやれば、サブクエリを使った集計処理になるわけです。

大道　「あ、なるほど……そうですね、①②も③④も、全部カタマリの切り出しをやってるんですね？」
生島　「そういうこと！」
大道　「⑤は集計ですけど、これだって1行1列のカタマリを作ってると思えば同じか……」
生島　「そやね」
大道　「理論在庫の算出でやっていることも、カタマリ切り出しの段数が増えるだけで、本質的にこれと同じですよね……？」
生島　「そのとおり！」

表形式のデータ処理はこうした単純な切り出し操作の積み重ねなので、SQL文を考えるときはこんな図を描いて「表を操作するイメージ」を確認しながら描いてみてください。キレイに描く必要はありません。自分にだけわかればいいので、簡略化してしまいましょう。何度かやっているうちにカンがつかめて、脳内でイメージを描けるようになります。

大道　「なんだ、そうか、単純な話なんだ……こう描けば全体像が見えますね。そしてSQL文にそのまま対応するんですね、これ？」

大道君、大事なことに気がついてくれました。脳内に全体像のイメージを描ければ、ひとつひとつの「カタマリを切り出す」ステップをそのままSELECT句やWHERE句などのSQL文の句として表現することができます。句ができれば、あとはそれをペタペタと組み合わせるだけなので、一見どんなに複雑に見えても中身は単純なSQL文として理解できるのです。

大道　「なんだかできそうな気がしてきました」
生島　「一見複雑そうなSQLでも、ひとつひとつのステップは単純なんよ。イメージを持ってトップダウンで考えるのに慣れれば、頭の中でサクサクっと組めるようになるよ」

大道　「なんか、元気が出てきました（笑）」

たとえばリスト構造やスタック構造、キュー構造といった構造的なデータを操作するアルゴリズムは、その構造を「イメージ」して可視化しながらでないと、なかなか理解できません。SQLも同じで、テーブルというデータ構造をイメージすると理解できるようになるので、SQLの文法よりもテーブルのイメージを脳内や紙に描きながら考えるようにしてください。

エピソード3

結合条件と抽出条件の違いとは

判定の順序を間違えるとロジックは破綻する

ここはとある居酒屋。ハイボールを頼むときは次のとおりちょっとしたゲームにチャレンジすると、「無料」や「半額」でゲットできるが、運が悪いと倍額の「メガハイボール」になる。

メガハイボールチャレンジ・ゲーム

ルール　ハイボールを注文するときに、サイコロを2個振って、

- 合計が奇数ならメガハイボールにサイズアップ（倍量・倍額）
- 合計が偶数なら半額
- 2個とも同じ数字（ゾロ目）の場合はなんと無料！

生島　「このゲームをアプリとして作る場合、そのロジックを実装する擬似コードを書ける？」

大道　「そんなに難しくはなさそうですが……」

生島　「簡単に見えるけれど、実はこの問題に次のような間違いが多いんだよね」

```
if(奇数){ メガハイボール（罰ゲーム）！ }
else if(偶数){ 半額獲得！ }
else if(ゾロ目){ 無料獲得！ }    // ここは「絶対に通らない」バグになる
```

生島　「判定する順序が違うだけの単純な間違いなんだけれど、SQLを書くときにも同じ『判定順序をわかっていない』というレベルの間違いをしているケースが多くて、嘆かわしくてね……」

3.1 ON句の本当の意味が知られていない？

大道　「生島さん、ちょっとこれ見てもらえますか？」

と、いつものように大道君が尋ねてきました。話を聞くと、学習塾や学校向けの成績管理システムで、成績レポートを出す機能の中に学費免除などの対象になる特待生であるかどうかの情報を付加して出力するモードでバグが起きていたそうです。大まかに書くと**図3-1**のように成績データ（誰がどの試験でどんな成績を取ったかの明細情報）に生徒マスタから名前を、科目マスタから科目名を付与し、特待生マスタから特待生ランクを付与して成績レポートを作る機能です。

図3-1　試験の成績データとマスタ情報を元に成績レポートを出す機能

成績データ

テストID	生徒ID	科目ID	点数
1	1	1	19
1	1	2	27
1	2	1	18
1	2	2	25
1	3	1	93
1	3	2	46

生徒マスタ

ID	名前	性別
1	石野 一基	男
2	岩崎 研二	男
3	岩間 直美	女
4	上野 浩介	男

科目マスタ

ID	科目名
1	英語
2	数学
3	国語
4	理科
5	社会

特待生マスタ

生徒ID	ランク	削除フラグ
2	C	1
3	B	0
10	A	0
33	C	0

名前を付与

科目名を付与

特待生情報を付与

生徒ID	名前	科目ID	科目名	点数	特待生ランク	削除フラグ
1	石野 一基	1	英語	19		
1	石野 一基	2	数学	27		
2	岩崎 研二	1	英語	18	C	1
2	岩崎 研二	2	数学	25	C	1
3	岩間 直美	1	英語	93	B	0
3	岩間 直美	2	数学	46	B	0

成績レポート

ほしかったのは**図3-2**のように特待生マスタで削除フラグ＝1の場合は特待生ランク欄を空白にしたレポートでした。

図3-2　ほしいレポート

生徒ID	名前	科目ID	科目名	点数	特待生ランク	削除フラグ
1	石野 一基	1	英語	19		
1	石野 一基	2	数学	27		
2	岩崎 研二	1	英語	18		
2	岩崎 研二	2	数学	25		
3	岩間 直美	1	英語	93	B	0
3	岩間 直美	2	数学	46	B	0

特待生マスタで削除フラグ＝1の場合は特待生情報を出さないようにしたかった

【SQL文-1】

```
SELECT
  (..略..)
FROM
  成績データ r
  INNER JOIN 生徒マスタ s
    ON r.生徒ID = s.ID
  INNER JOIN 科目マスタ k
    ON r.科目ID = k.ID
  LEFT OUTER JOIN
    (SELECT * FROM 特待生マスタ
     WHERE 削除フラグ = 0) t
    ON r.生徒ID = t.生徒ID;
```

しかし、これが**図3-3**のように削除フラグ＝0で特待生ランクを持っている生徒の情報しか表示されなくなるというバグを起こしていました。

図3-3　実際に出力されたレポート（バグ）

生徒ID	名前	科目ID	科目名	点数	特待生ランク	削除フラグ
3	岩間 直美	1	英語	93	B	0
3	岩間 直美	2	数学	46	B	0

特待生フラグ＝0の
特待生のデータしか
表示されなくなってしまった

【SQL文-2】

```
SELECT
  (..略..)
FROM
  成績データ r
  INNER JOIN 生徒マスタ s
    ON r.生徒ID = s.ID
  INNER JOIN 科目マスタ k
    ON r.科目ID = k.ID
  LEFT OUTER JOIN 特待生マスタ t
    ON r.生徒ID = t.生徒ID
WHERE
  t.削除フラグ = 0;
```

このバグで使われていたのがSQL文-2（**図3-3**）です。これを、サブクエリを使うSQL文-1（**図3-2**）のように修正したことで、一応狙いどおりの結果が得られるようにはなったそうです。実はこれはよくあるバグです。似たようなケースに遭遇して似たような方法（サブクエリ化）で解決した経験のある方も多いことでしょう。

大道　「でも、サブクエリを安易に使って性能問題起こすことも多いみたいですし……。これ、大丈夫でしょうか？　問題あるようなら、ほかの方法はありませんか？」

生島　「まあ、うかつに使うと性能トラブル起こしやすいのは確かやね。それに、実はこのコードならほかの方法があるし、そのほうがええよ。具体的には**リスト3-1**のSQLを使えばいい」

リスト3-1　サブクエリの代わりにON句を使用する

```
SELECT
  (..略..)
FROM
  成績データ r
  INNER JOIN 生徒マスタ s
```

```
    ON r.生徒ID = s.ID
  INNER JOIN 科目マスタ k
    ON r.科目ID = k.ID
  LEFT OUTER JOIN 特待生マスタ t
    ON r.生徒ID = t.生徒ID
    AND 0 = t.削除フラグ;
```


大道　「えっ、抽出条件の『`0 = t.削除フラグ`』をWHERE句からON句に移せばいいんですか？」
生島　「そう。これに驚くってことは、大道君もまだ**ON句の本当の意味**を知らないみたいやね」

実は私が開催しているSQL勉強会でこの問題をよく扱うのですが、正解率は1%にも届かないぐらいで、システムエンジニア（SE）でも知らない方が大半です。これを知らないとOUTER JOINで今回のようなバグを起こしやすく、それを解決するためにサブクエリを使うと今度は性能を悪化させやすい、といろいろとトラブルのもとなのでこの機会に知っておいてください。SQLの基本的な仕様なのにほとんど知られていない「ON句の本当の意味」とは何なのでしょうか？

3.2　SELECT処理の流れをイメージしよう

エピソード2でも「SQLは文法から考えても理解できない。表をカタマリで操作するイメージを持とう」という話をしましたが、今回も同じです。これを機会にSELECT処理の流れを全体としてイメージできるようにしましょう。それができれば性能アップの勘どころもつかめますし、余計なバグも減らせます。

まずは**図3-4**を見てみましょう。

図3-4　SELECT文の処理の流れイメージ

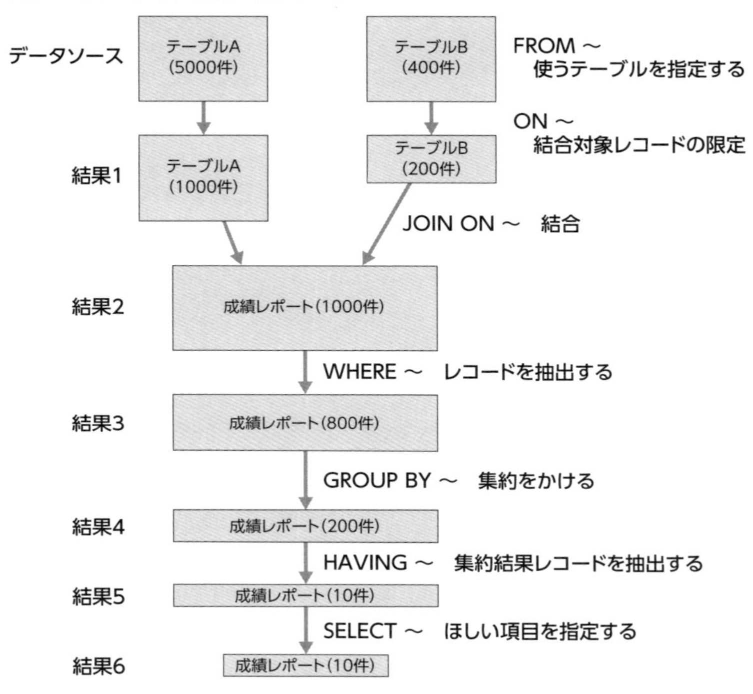

図3-4は、2つのテーブルをJOINして、WHERE句で絞り込み、ほしい項目を選んでGROUP BYをかけ、HAVINGでまた絞り込む、という流れの全体像です。

生島　「テーブルAとBは今回の例で言えばどれに該当する？」
大道　「Aが成績データで、Bが生徒マスタとかでしょうか」
生島　「そうやね。1人がいくつもの科目の試験を受けるから、Aの件数のほうがBより多くなる。じゃあ、結果1が意味するものは？」
大道　「AとBそれぞれの件数が減っていますね。結合の対象になるレコードを絞り込んだ？」
生島　「そう、ON句に書く条件のうち、片方のテーブルにのみ関係するものはこんなイメージで処理される。これを知らない人が多い。じゃあ、結果2の意味は？」
大道　「試験の成績データに、生徒の名前を付加したもの……でしょうか」

生島　「そのとおり。これがJOINの処理として一般にイメージされているものだね。ON句でAとB両方のテーブルにまたがった条件を書くと、ここで結合条件として働くわけだ」

大道　「そうか、ON句の条件式には結果1を出すために働くものと結果2を出すために働くものの2種類があるわけですね」

生島　「そのとおり。じゃ、結果2と結果3の違いは？」

大道　「また件数が減っていますね、たとえば、4月以降の試験のデータのみとか条件を付けるとこうなりそうです」

生島　「そう、WHERE句に何か条件を付けると、JOINの結果をその条件で抽出することになる。普通は抽出条件と呼ばれるのがこれやね。結果1を出すときのONと混同しないように区別しないといけない。じゃ、結果3と結果4の違いは？」

大道　「GROUP BY……あ、生徒を単位にグループ化するとこうなるかな？」

生島　「そう、複数科目の平均点とか合計点、最大最小みたいな集約データがほしいときはこれをするわけや。じゃ、結果4と結果5の違いは？」

大道　「200件から10件に一気に減っていますけど、HAVINGということは……合計点の成績上位10人を選ぶとか、そんな処理ですか？」

生島　「そういうこと。じゃ、最後、結果5と結果6の違いは？」

大道　「件数が減らずに横幅が狭くなっているというのはつまり、カラムを選択しているわけですね？　SELECT句の直後で必要なカラムを列挙する部分がこれですか」

生島　「まさにそういうことやね。これがSELECT文の全体像。こういうイメージ、わかっとった？」

大道　「わかっていませんでした……。そうか、それでGROUP BYのあとはWHEREじゃなくてHAVINGなんですね。レコードを抽出するところが2ヵ所あるからそれを区別するために、WHEREとHAVINGという違う言葉を使っているんですね。ああ、こう書けばイメージできますね」

ただし、実際のDBエンジン内の処理手順はオプティマイザが効率良く組み直すため、こうはならない場合がほとんどです。実行計画（実行計画については第2章のエピソード8で解説）を見るとわかりますが、WHERE句でBテーブルを必要としない場合は、JOINの前にWHERE処理を行って先にAテーブルの件数を減らしてからJOINをします。そのほうがJOINの件数が減って効率が良いためです。しかし、得られる最終結果をイメージするときは**図3-4**の流れで考えるほうがわかりやすいでしょう。

3.3 結合条件と抽出条件を区別する

こうして見ると、SELECT文の処理の流れというのは実は非常にシンプルなものであることがわかります。自由に手続きを記述できる手続き型言語とは違い、SQLでやっているのはこうした決め打ちの処理ばかりですから、一見どんなに複雑に見えてもやっていることは単純な操作ばかりなのです。

そして、この流れの中で大事なのが結合条件と抽出条件を区別することです。

結合条件

・ON句に書く条件。この条件に合うレコードがJOINの対象になる[注1]

抽出条件

・WHERE句に書く条件。JOINされた結果から、条件に合うレコードを抽出する

「ON句の条件はJOINの中で処理され、WHERE句の条件はJOINのあとに処理される」ことに注意してください。そのため、**同じ条件式でも、それを外部結合の結合条件としてON句に書くのと、抽出条件としてWHERE句に書くのでは、結果が違ってきます。**実はここが、私のSQL勉強会で正解率が1%にも届かないという、問題の部分なのです。大道君もわかっていないのも無理はありません。では、いよいよ「ON句（結合条件）の本当の意味」を詳しく語ってみるとしましょう。

注1　なお、昔のOracleでは結合条件もWHEREに書かなければいけない仕様でしたが、標準SQLではJOINを使ってON句に書くことが推奨されています。Oracleもそれに対応してきているため、現在はそれが主流です。

3.4 OUTER JOINのWHERE句で内部表側のカラムを使っていたら要注意

SELECTの流れを確認したところで、あらためて今回の特待生削除フラグ問題を見直しましょう。実は**図3-3**のSQL文-2には、この種の潜在バグに典型的なある特徴があります。もう少し簡単な形で書くとこうなります（以下、LEFT OUTER JOINのOUTERは省略する場合があります）。

```
SELECT *
FROM table1 t1 LEFT OUTER JOIN table2 t2
  ON t1.t2_ID = t2.ID
WHERE t2.削除フラグ = 0;
```

問題は、WHERE句の条件式に右側テーブル（t2）のカラムが出てきていることです。同じようにRIGHT OUTER JOINの場合はWHERE句に左側テーブルのカラムがあったら要注意ですが、実務的にはLEFTを使うことがほとんどなので、例示はすべてLEFTで統一します。INNER JOINなら問題ないのですが、LEFT JOINのWHERE句に右側テーブルのカラムがあったら要注意で、私の経験上ほとんどのケースで潜在バグになっていました。

INNER JOINとOUTER JOINの違い

その理由を知るために、SQLの初歩ですが、まずINNER JOINとOUTER JOINの違いを確認しておきましょう。**図3-5**のようにテーブルAとテーブルBの間に1対0..1の対応関係があるとします。

図3-5　INNER JOINとLEFT OUTER JOINの違い

外部表と内部表の対応関係は1対0..1

外部表　テーブルA

ID	B_ID
101	1
102	2
103	3

内部表　テーブルB

ID	DelFlag
1	0
2	0

1対0..1関係

A INNER JOIN B
ON A.B_ID = B.ID
の結果

ID	B_ID	ID	DelFlag
101	1	1	0
102	2	2	0

外部表Aと内部表Bに対応関係のあるレコードのみが残る

A LEFT OUTER JOIN B
ON A.B_ID = B.ID
の結果

ID	B_ID	ID	DelFlag
101	1	1	0
102	2	2	0
103	3	NULL	NULL

外部表Aのレコードはすべて残る

今回の例で言えば「生徒マスタ」にあたるものがテーブルAで、「特待生マスタ」にあたるのがテーブルBです。テーブルAのうちのレコードの一部について付加的な情報が存在する、という場合にこのようなテーブル構成がよく出現します。ここでテーブルAにあたるものを「外部表」、Bにあたるものを「内部表」と呼びます。

INNER JOINは、外部表と内部表に対応関係のあるレコードのみが残るのに対して、OUTER JOINでは外部表にあたるテーブルのレコードはすべて残ります。どちらが外部表なのかを示すために、OUTER JOINではLEFTやRIGHTのキーワードを付ける必要がありますが、前述のとおり実務的にはほとんどの場合LEFTを使います。

結合条件を付けた場合のINNER JOINとOUTER JOINの違い

ここまで確認したうえで**図3-6**を見てください。

図3-6　INNER JOINとLEFT OUTER JOINの違い（結合条件あり）

データソースの対応関係

外部表 テーブルA／内部表 テーブルB（1対1関係）

ID	B_ID
101	1
102	2
103	3
104	4

ID	DelFlag
1	0
2	0
3	0
4	1

外部表 テーブルA／内部表 テーブルB（1対0..1関係）

ID	B_ID
101	1
102	2
103	3
104	4

ID	DelFlag
1	0
4	1

ON A.B_ID = B.ID AND 0 = B.DelFlagという結合条件でJOINをかけると?

INNER JOINの結果

結果（1）

ID	B_ID	ID	DelFlag
101	1	1	0
102	2	2	0
103	3	3	0

結果（2）

ID	B_ID	ID	DelFlag
101	1	1	0

LEFT OUTER JOINの結果

結果（3）

ID	B_ID	ID	DelFlag
101	1	1	0
102	2	2	0
103	3	3	0

結果（4）

ID	B_ID	ID	DelFlag
101	1	1	0
102	2	NULL	NULL
103	3	NULL	NULL
104	4	NULL	NULL

ON A.B_ID = B.IDという結合条件でJOINをかけると?

INNER JOINの結果

結果（5）

ID	B_ID	ID	DelFlag
101	1	1	0
102	2	2	0
103	3	3	0
104	4	4	1

結果（6）

ID	B_ID	ID	DelFlag
101	1	1	0
104	4	4	1

↑ WHERE B.ID IS NOT NULL

LEFT OUTER JOINの結果

結果（7）

ID	B_ID	ID	DelFlag
101	1	1	0
102	2	2	0
103	3	3	0
104	4	4	1

結果（8）

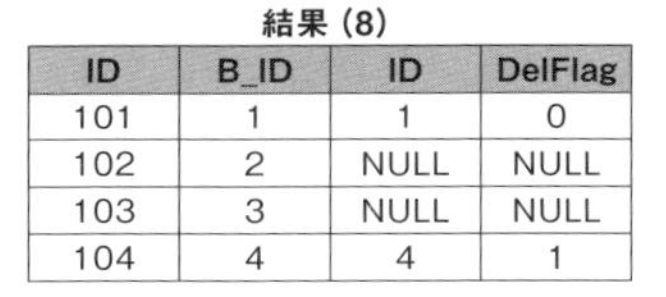

ID	B_ID	ID	DelFlag
101	1	1	0
102	2	NULL	NULL
103	3	NULL	NULL
104	4	4	1

↓ WHERE 0 = B.DelFlag

結果（X）

ID	B_ID	ID	DelFlag
101	1	1	0

図3-6の最上段がデータソースで、テーブルAとBが1対1関係のときと1対0..1関係のときの2パターンを考えましょう。AとBを「`ON A.B_ID = B.ID AND 0 = B.DelFlag`」という結合条件でJOINすると、どのような結果が得ら

れるでしょうか？

INNER JOINの場合はそれぞれ結果（1）と（2）が得られ、LEFT JOINの場合は結果（3）と（4）が得られます。

見てのとおり結果（1）と結果（3）は同じです。1対1または1対多関係のテーブルをJOINする場合はINNERでもOUTERでも同じ結果が得られます。

結果（4）がほしい場合はOUTERを使うしかありません。

次に結合条件を「`ON A.B_ID = B.ID`」に変えるとINNERで結果（5）（6）が、OUTERでは結果（7）（8）が得られます。やはりご覧のとおり1対1（1対多）関係をJOINして得られる結果（5）と（7）は同じです。さらに結果（8）に対して「`WHERE B.ID IS NOT NULL`」で抽出すると結果（6）が得られ、「`WHERE 0 = B.DelFlag`」で抽出すると結果（X）が得られます。

大道　「あれ？　結果（X）って結果（2）と同じですね」

と、大道君いいところに気がつきました。そうするとINNER JOINで得られる結果（1）（2）（5）（6）はいずれもLEFT OUTER JOINを使っても得られる……ように見えますね。

そこで、一部の開発現場ではこんな内部ルールを設けている例があります。

「INNER JOINは使用禁止。JOINする場合は必ずLEFT OUTER JOINを使うこと」。

一部と言いつつ、有名なテック系企業でもこのような開発規約をよく見かけましたので、冗談抜きで意外に一般的です。おそらく、コードをワンパターン化することでINNERかOUTERかと悩む必要がなくなる、同じパターンで書かれるので可読性が良くなる、といったあたりがこの「LEFT JOIN決め打ちルール」の狙いでしょう。

しかし、残念ながらSQLを根本的に間違って理解しているため、その狙いはうまくいきません。確かにプログラミングをする際に2つの記法が完全に等価なのであればどちらか1つに統一しても実害は起きませんが、INNER JOINとOUTER JOINは等価ではないのです。

生島　「大道君、今回のバグを端的に言うと何が起きたんだと思う？　**図3-6**で説明してみて？」

大道　「えっと……ああ、ほしかったのは結果（4）ですね。それに対してSQL文-2でやっていたのは結果（8）に対してWHERE句を付けて……結果（X）つまり結果（2）と同じものを出していたってことですね。これじゃあうまくいくわけがないですね」

上出来です。このパターンはとてもよくあって、しかも気がつきにくい潜在バグになることが多いのです。今回の特待生のケースでは、テーブルBにあたる特待生マスタがテーブルAにあたる生徒マスタに比べて非常に少なかったので発見しやすかったですが、そうでない場合は気がつきにくくなります。私の経験上、通常のマスタの論理削除の場合のように、両テーブルの関係が1対1に近いときにはテスト項目からも漏れていてカットオーバー後に見つかるケースが大半でした。

さて、整理すると今回のバグの原因と解決策は次のとおりです。

原因

- 結合条件と抽出条件を理解しておらず、本来ON句に書くべき結合条件「`t.削除フラグ = 0`」をWHERE句に書いてしまったこと

解決策

- 結合条件と抽出条件を理解して使い分けること

「LEFT OUTER JOIN決め打ちルール」の思わぬ副作用

一方で、先ほど触れた「LEFT OUTER JOIN決め打ちルール」は、この種のバグを誘発させる「影の黒幕」のような悪習慣と言えます。どういうことかを確認するためにもう一度**図3-6**を見てください。結果（2）や結果（6）は本来INNER JOINで得るべき結果ですが、それが禁止されると結果（8）にWHERE句を足して抽出する必要があります。このときに使われる抽出条件が

- `B.ID IS NOT NULL`
- `B.DelFlag = 0`

と、いずれも右側テーブルのカラムを指定していることに注意してください。LEFT JOINを使うということは、JOIN結果の右側テーブル該当部分にはNULLが出てくる可能性があります。NULLはRDB/SQL上では特別な意味を持つため

扱いに注意が必要で、NULLを含むカラムを条件式に使うと思わぬバグを起こしやすいことで知られています。

つまり、**LEFT JOINでWHERE句に右側テーブルのカラムを使うと、バグを起こしやすいNULL条件式が必然的に発生する**というわけです。

したがって、もしそのようなSQLがあったら警戒すべきですが、INNER JOINを使っていればこれらの条件をWHERE句に書く必要はありません。「LEFT JOINのWHERE句内の右側テーブルカラム条件」というのはそもそも無意味な操作であり、それ自体が潜在バグなのです。ところが、「LEFT OUTER JOIN決め打ちルール」だとINNER JOINが使えないわけですから、そのような潜在バグ用法が常態化します。

常態化してしまうと人間はそれが普通だと思うもので、警戒心が働きません。それが、バグを誘発させる影の黒幕だという理由です。INNER JOINとOUTER JOINは根本的に違う操作なので、どちらを使うべきかをよく考えて、もしOUTER JOINを選んだときは逆側のテーブルのカラムがWHERE句に入っていないかをよく確認してください。

3.5 再び、SQLはイメージで考えよう

くどいようですが、今回触れた「結合条件と抽出条件」の違いをわかっていないとバグや性能悪化を誘発するコードを書いてしまいがちなのに、現実にはほとんど理解されていません。そのうえに「LEFT OUTER JOIN決め打ちルール」を合わせるのはタバコを吸いながらガソリンを給油するようなもので、炎上待ったなしの選択と言えます。

大道　「僕もわかっていませんでしたけど、こうしてイメージがわかると簡単な話なんですね……」
生島　「何度も言うけど、SQLは文法で考えてもピンと来んのよ。だからデータのカタマリを切り出してつなげていく、そのイメージを持ってほしいんよね。イメージで考える習慣を持てば、SQLは本当に簡単な言語なんやから……」

今回はそのイメージをつかんでもらうために**図3-4～図3-6**を挙げました。SQLの解説というと、SQL文そのもののほかにはSELECT結果の無味乾燥な表

そのものしかない場合が多いですが、それだけではなかなか「イメージを持つ」のは難しいものです。ぜひ今回の**図3-4〜図3-6**の流れを頭に入れてSQLを考えるようにしてください。

エピソード4

複雑な場合分けロジックも CASE式で一発解決!

Aの場合は、Bの場合は、Cの場合は……

と　あるオンラインゲームのバックエンド開発現場にて。

五代　「クリスマスキャンペーンをやりましょう！　持っているアイテムに応じてボーナスポイントを付与する、ということで！」

生島　「具体的にはどういう条件で……？」

五代　「ストレートフラッシュなら1000ポイント、ストレートなら300ポイント、フラッシュなら400ポイント」

大道　「んー、と、じゃあそれぞれの条件で保有ポイントにUPDATEをかければいいですね」

生島　「んんっ？　どうして3つのSQL文に分けるの？」

大道　「えっ、ダメですか？　だって条件が3パターンあるわけですし……」
生島　「そんなときこそCASE式！」

4.1 月末の会員情報更新処理、どうしよう？

今回は取引先の浪速システムズが開発していて、私が技術アドバイザーとして関わっているお料理レシピ投稿サイトの「月末締め処理」に関するお話です。

締め処理というのは期間中のすべての取引を走査するようなバッチ処理が走ることが多く、性能問題が起きやすい場面です。というわけで、いつものように相談を受けることになりました。

お料理レシピ投稿サイトというとクックパッドが有名ですが、要するに一般消費者が会員登録をして、料理のカテゴリ（和・洋・中など）、使っている食材、所要時間や用途（パーティ用、お弁当用、子供向け、減塩・糖質制限など）といったさまざまな条件で検索できるサービスです。

大道　「生島さん、月末の会員ランク更新処理についてご相談したいんですが」

ということで会員ランク制度の概要について聞いてみると、ざっと**図4-1**のようなものでした。

図4-1　会員ランク制度概要

- **ユーザはA～Dの会員ランクを持つ**
- **登録時はDランク**
- **1ヵ月単位のレシピ投稿数と、他会員からの支持数を基準に1ランクずつランクアップ／ダウンする**

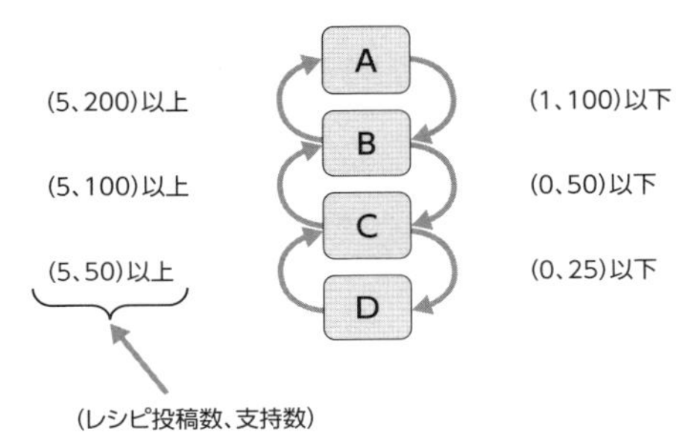

ユーザの会員ランクはA〜Dの4階層があり、会員登録時はDランクですが、レシピを投稿して人気が出ればランクが上がっていき、何もしないと下がっていくしくみです。ランクが上がると便利な機能が使えるようになります。このランク更新を月末に行います。

つまり、毎月末にその月のレシピ投稿数と、それがほかの会員から支持された数を集計して翌月のランクを決める、というわけです。なるほど、下手に作るといかにも単純なSQL文を多重ループで発行する方法で作ってしまいそうなケースです。もちろん大道君なら、そこはもうわかっているのでそんなことはしないでしょう。

4.2 テーブルを全件走査するUPDATEは減らしたい

大道　「**図4-1**を見てもらうと、ランクの変化が起きる条件が6種類ありますよね。ということは、UPDATE文を6回発行すればいいのかな……と思ったんですが、こういう条件のUPDATEだと、会員テーブル、レシピ、評価のテーブルを全件走査しますよね。それを6回やるのはちょっと無駄が多いんじゃないかな、という気がして……」

大道君、いいところに目をつけました。確かに、この種のUPDATEではおそらくインデックスが効かないのでテーブルの全件走査が発生するでしょう（インデックスが効く条件についてはエピソード9を参照）。それを6回発行するのは性能を落としそうです。

しかもそれだけでなく、実はこの種の処理でUPDATEを複数回に分けて行うと、更新結果が期待と違ってくる場合もあります。

4.3 条件項目更新型UPDATEの分割実行に注意

図4-2は「部門」というテーブルの「年間予算」項目を一定の条件で更新する処理の例です。

図4-2　条件項目更新型UPDATE

case1:人数に応じて年間予算を変更する

「部門」テーブル

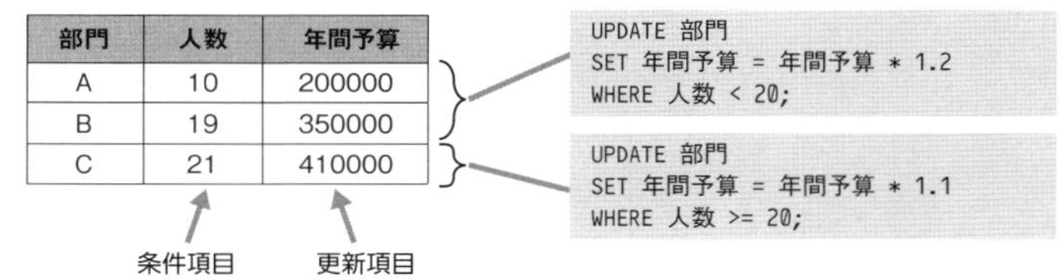

部門	人数	年間予算
A	10	200000
B	19	350000
C	21	410000

```
UPDATE 部門
SET 年間予算 = 年間予算 * 1.2
WHERE 人数 < 20;
```

```
UPDATE 部門
SET 年間予算 = 年間予算 * 1.1
WHERE 人数 >= 20;
```


case2:年間予算に応じて年間予算を変更する

「部門」テーブル

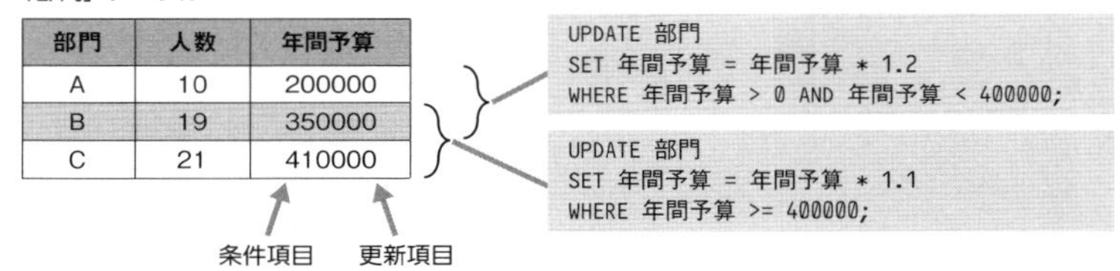

部門	人数	年間予算
A	10	200000
B	19	350000
C	21	410000

```
UPDATE 部門
SET 年間予算 = 年間予算 * 1.2
WHERE 年間予算 > 0 AND 年間予算 < 400000;
```

```
UPDATE 部門
SET 年間予算 = 年間予算 * 1.1
WHERE 年間予算 >= 400000;
```


case1は「人数」を判断して20人未満なら1.2倍に、20人以上なら1.1倍に更新するもので、このタイプは「条件」判断にダブリがないように設定しておけば問題は起きません。

一方、case2は「年間予算に応じて年間予算を更新する」というもので、よく考えると部門Bは35万円を1.2倍すると42万円になり、これは「40万円以上」という条件にも当てはまってしまうため次のUPDATEでさらに1.1倍されてしまいます。

このタイプの処理は、条件判断で使う項目を更新するUPDATEなので「条件項目更新型UPDATE」と呼んでおきましょう。この種のUPDATEを複数回行うと、意図せぬ結果を起こしやすいのです。つまり性能面だけでなく、意図せぬ結果を防ぐためにもUPDATEを1回で行いたいところです。具体的にはどうすれば良いのでしょうか？

4.4 CASE式とパラメータテーブルを活用する

CASE式という、SQL-92から導入された仕様を使います。まずは**図4-3**を見てください。

図4-3　CASE式による操作

「部門」テーブル

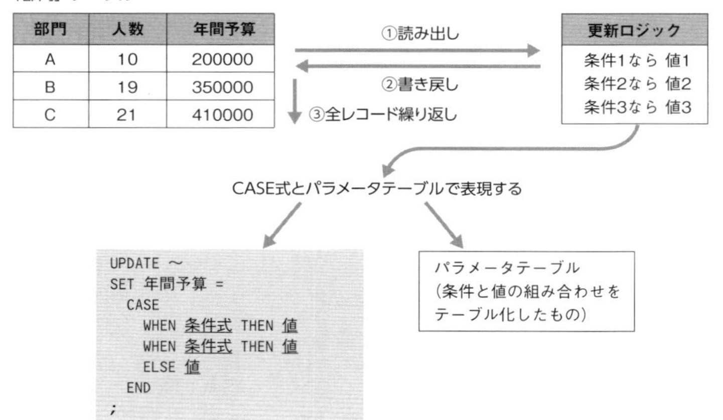

部門テーブルの年間予算項目を更新するなら、まず、①部門Aの1レコード分を読み出し、更新ロジックのどの条件に当てはまるかを判断し、②その結果を部門Aのレコードに書き戻す、という処理を③全レコードについて繰り返す必要があります。これを1回のUPDATEで済ませるためには、「更新ロジック」を1つの式で表現できなければなりません。それを可能にするのがCASE式で、**図4-3**の左下のような形で使います。「SET　年間予算　=　値」の「値」の部分にCASE式を使うことで、条件に応じて違う値をSETすることができるわけです。

なお、条件と値の組み合わせをSQL文中にハードコーディングすると保守しにくくなるため、実際にはそれらを定義した「パラメータテーブル」を作って、そこから条件と値を引いてくるようにします。

大道　「おお……こんな書き方ができるんですね！」
生島　「一見かなり複雑な処理でも、このCASE式とパラメータテーブルの組み合わせで劇的に単純化できることがあるから、使い慣れておくとええよ」

Oracleでは DECODE関数で代用されることもありますが、CASE式はSQLの標準仕様であり、ほかのDBMSでも使用可能ですので、CASEを基本として知っておくことをお勧めします。

4.5 会員ランク更新処理を実装しよう

大道　「今回のレシピ投稿サイトでCASE式を使うなら、どんな処理になるんでしょうか？」
生島　「まあ、まずは条件判断に使うテーブルの構造を見ようか」

必要な部分だけ簡略化して示すと**図4-4**になります。

図4-4　ユーザ／レシピ／評価テーブル

「ユーザ」テーブル

ID	現	前
1	A	B
2	B	C
3	C	C

1対N

「レシピ」テーブル

R_ID	U_ID	投稿日時
101	1	****
102	2	****
103	1	****

1対N

「評価」テーブル

H_ID	R_ID	U_ID	評価日時
201	101	25	****
202	102	37	****
203	103	62	****

ユーザがレシピを投稿し、そのレシピに評価がつく、という構造のため、ユーザ対レシピが1対N、レシピ対評価も1対Nの関係です。

ユーザテーブルの「現」は現在の会員ランク、「前」は前月の会員ランクを表します。

月末の会員ランク更新処理の概要を構造化すると**図4-5**のようになります。

図4-5　レシピ／評価集計、ランク判断ロジック

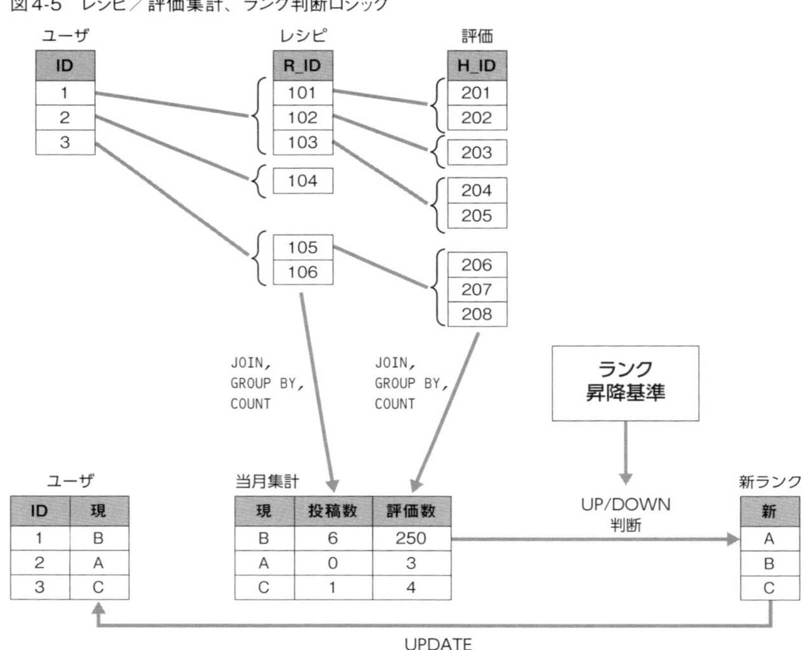

図4-5の上半分ではユーザ、レシピ、評価テーブルのそれぞれIDの数字だけを表示して1対Nの関係がわかるようにしてあります。

大道　「いったん『当月集計』というテーブルを作るんですか」

生島　「そう、その当月集計テーブルに、ユーザごとのレシピ投稿数と、他会員からの支持評価数を集計しておく。UPDATEのためのテンポラリ（一時的な）テーブルやね」

大道　「はい、集計自体はJOINしてGROUP BYしてCOUNTすればいいわけですね」

生島　「そこはJOINを2段でかけるからちょっと複雑なSQLになるけど、やっていることは要するにただの集計だから、難しくはないはずだよ」

大道　「はい、わかると思います」

いったん当月集計をすると、ユーザごとの当月投稿数と評価数（支持を獲得した数）がわかるので、それを「ランク昇降基準」に照らしてランクUP/DOWN

の判断をし、新ランクを算出してその値でユーザテーブルの「現ランク」を更新します。

大道　「UP/DOWN判断にCASE式を使うんですか」
生島　「そう。具体的には**リスト4-1**[注2]のように書けばいい」

リスト4-1　CASE式を使った会員ランクUPDATE処理

```
CREATE TABLE ユーザ
  ( ユーザID INT      NOT NULL
  , 現ランク CHAR(1) NOT NULL
  , 前ランク CHAR(1) NULL
  -- 以下略
  , PRIMARY KEY (ユーザID)
  );
```

```
CREATE TEMPORARY TABLE 当月集計
  ( ユーザID   INT      NOT NULL
  , 現ランク   CHAR(1) NOT NULL
  , 当月投稿数 INT      NULL
  , 当月支持数 INT      NULL
  , PRIMARY KEY (ユーザID)
  );
```

```
UPDATE ユーザ u
  INNER JOIN 当月集計 s
    ON u.ユーザID = s.ユーザID
  INNER JOIN ランクパラメータ r
    ON s.現ランク = r.現ランク
SET u.前ランク = u.現ランク
  , u.現ランク =
    CASE
    WHEN s.当月投稿数 > r.U投稿数
      AND s. 当月支持数 > r.U支持数 THEN r.Uランク
    WHEN s.当月投稿数 < r.D投稿数
      AND s. 当月支持数 < r.D支持数 THEN r.Dランク
    ELSE u.現ランク END
;
```

リスト4-1のUPDATE文末尾の「u. 現ランク = CASE ～」以下がそのコードです。

注2　JOINしてUPDATEする構文は、RDBMSごとに違いがあります。リスト4-1はMySQLの場合の書き方です。ご注意ください。

大道　「これは……現ランクに対して、上がるか、下がるか、そのままか、の判断をしているわけですよね？」
生島　「そういうこと。2つのWHENでそれぞれ『上がる』『下がる』条件を表し、どちらにも該当しなかったらELSEに来るから現ランクのまま、変わらない」
大道　「ランクのUP/DOWN条件は6種類ありますけど……」
生島　「そこはランク昇降基準を表すパラメータテーブルで吸収する」

図4-6がそのためのランクパラメータテーブルです。

図4-6　ランクパラメータテーブルの内容

	ランクUP条件		UP後の新ランク	ランクDOWN条件		DOWN後の新ランク
現ランク	**U投稿数**	**U支持数**	**Uランク**	**D投稿数**	**D支持数**	**Dランク**
A	NULL	NULL	NULL	1	100	B
B	5	200	A	0	50	C
C	5	100	B	0	25	D
D	5	50	C	NULL	NULL	NULL

※ U（ランクアップ）とD（ランクダウン）を同時に満たすことがないように注意して仕様を決めること

「現ランク」ごとに、ランクUP条件、UP後の新ランク、ランクDOWN条件、DOWN後の新ランクの設定値を保持しています。そのうえで現ランクをキーにして当月集計テーブルとランクパラメータテーブルをJOINすると、現ランクに関係するUP条件とDOWN条件だけが残るわけです

4.6 集計と更新の一発化はできない？

大道　「なるほど……こんなやり方ができるんですね！　おもしろいです！　でもこれ、『一発系SQL』を追求するなら、当月集計テーブルを作るのもやめて、一気にUPDATEしてしまうわけにはいかないんでしょうか？」
生島　「残念ながらそれはできないんよ」

というのは、集計するSELECT文に「ユーザ」テーブルが入ってしまうからです。集計元に入ったテーブルにはロックがかかってしまうため、1文で同時にUPDATEすることができません。そこでいったん「当月集計」というテンポラリテーブルを作り、その情報をもとにUP/DOWNを判断してユーザテーブルを更新する、という処理を行うわけです。

4.7 CASE式はSQLに小回りの効く記述力を与えてくれる

大道　「できないんですか、それは残念です。でも、CASE式っておもしろいですね！　SQLってデータの集合にまとめて同じ操作をするための言語とばっかり思っていましたけど、『同じ操作』のところで意外に細かいロジックも書けるってことですよね、これ？　ますます、SQLでやれることが増えますね！」

さすが大道君、カンがいいです。CASE式を使うと、手続き型言語でif文やswitch文を入れ子にした複雑なロジックを組んでいた部分を大幅に単純化できることがあります。しかも今回のように「パラメータテーブル」と組み合わせると、条件を変更するときも設定データを変えるだけでコードには変更が及ばずに済むため、保守作業コストを大きく減らすことができます。

データモデリングでは、データはおもに現実世界の物を表す「リソース系」と、出来事を表す「イベント系」に分かれると考えるのが通例ですが、パラメータテーブルはある意味そのどちらでもなく、処理ロジックをコントロールする「コントロール系」とでも言うべきデータです。一定のパターンでの条件判断がいくつも重なっているときには使える場合が多いので、ぜひ応用してみてください。

エピソード5

ExcelでSQL操作のイメージをつかむ法

イメージ・ドリブン・ラーニング！

大道君がSQLの勉強をしようとしています。

大道　「SELECT文の書式は、『SELECT 列名リスト FROM句 WHERE句』で、FROM句には使用するテーブルを列挙して……」

そこに生島氏が声をかけました。

生島　「SQLの勉強をするときは、文法を覚える前に絵を描いてみたほうがいいよ」
大道　「絵？　ですか？」
生島　「そう、テーブルの上にデータが載っていて、このデータとあのデータを結合して、というイメージがわかるような絵を描くのが大事。そのイメージなしで文法から考えてもSQLは理解できないから！」

5.1 正しい理解には現実世界のイメージを持つことが大事

大道 「勉強法を間違えると、いくら勉強しても成果が上がらないってこと、こんなところでもあるんですねえ〜」

と大道君が言い出しました。何のことかと思えば、小学生の算数の勉強について、次のような問題が起きているそうです。

たとえば「3＋2＝5」という足し算の式は現実世界で3個と2個のものを合わせる操作を抽象化して記号で表現していますが、式を使えるようになるためには本来はそれが現実世界で何を表しているのかというイメージを持っていなければなりません（**図5-1**）。

図5-1　記号は現実世界を表したもの

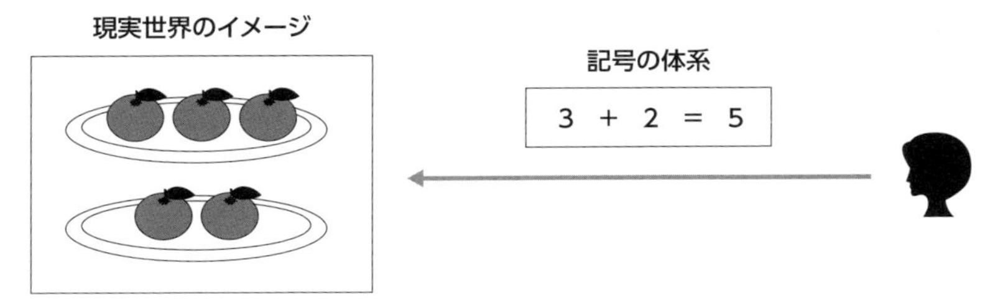

ところが、子供にイメージを持たせることをおろそかにして、手っ取り早く点を取るために、「みはじ・くもわ・きはじ」といった公式丸暗記を助長するような指導法が小学生への算数指導では蔓延しているそうです。DBの話ではないので本書では詳しく書きませんが、興味のある方は「みはじ・くもわ・きはじ　批判」といったキーワードで検索してみてください。

生島 「ああ、そうやね。SQLでもそうやったろ？　SQLは文法から考えても理解できん。表をカタマリで操作するイメージを持つことが大事や」

というわけで今回は、「SQLで表を操作するイメージを持つ」ために役に立つ、ある変わった勉強法を紹介しましょう。

5.2 複雑な場合分けをパラメータで処理

まずは携帯電話の通話料金を計算する処理の例を考えてください。携帯電話の料金プランには、**図5-2**の「契約プラン仕様」に示したような、固定料金制と従量制とを組み合わせたものがよくあります。

図5-2　月末の通話料金の集計処理

契約プラン仕様

契約A	契約B	契約C
・基本料金1,000円	・基本料金5,000円	・基本料金7,000円
・いつでも1分15円	・22時～翌朝6時まではかけ放題	・朝9時～夜22時まではかけ放題
	・以外の時間は1分30円	・以外の時間は1分20円

※通話開始時間が含まれるかで、かけ放題の時間を判断する

通話記録テーブル

契約者ID	開始時間	終了時間
100000001	2016/6/2 12:31	2016/6/2 12:38
100000001	2016/6/3 13:26	2016/6/3 13:30
100000001	2016/6/9 23:01	2016/6/9 23:05

契約者テーブル

契約者ID	名前	プラン
100000001	佐藤 悠太	A
100000002	鈴木 優子	B
100000003	高橋 博	C

課金テーブル

契約者ID	通話分数	プラン	基本料金	従量単価	課金分数	従量課金
100000001	17	A	1000	15	16	240
100000002	68	B	5000	30	64	1920
100000003	68	C	7000	20	2	40

図5-2の契約Bが夜間かけ放題、契約Cは昼間かけ放題のプランになります。もちろん実際の携帯電話会社ではもっと複雑なプランが提供されていますが、

本稿では簡単な例を示しています。

一方、通話記録はプランとは別に単純に契約者IDと開始時間、終了時間で記録されているとします。すると月末には、料金請求のために通話記録ごとに従量課金額を計算しなければなりません。ロジックとしては、通話記録1件ごとに「かけ放題」対象かどうかを判定し、かけ放題対象なら0円、従量課金対象なら通話分数を算出し、契約プランごとに異なる単価を掛けて1通話ごとの従量課金額を算出します。かけ放題対象かどうかを判断するには、契約者テーブルを参照してプランを調べ、通話開始時間がそのプランのかけ放題時間に含まれるかどうかを判断します。最終的に、契約者IDごとの通話分数、プラン、基本料金、従量単価、課金分数、従量課金額をまとめた「課金テーブル」を作ることが目標です。

生島　「まあ、今の携帯電話サービスだと一通話終わるごとに計算していたりするけどな。話の都合上、月末締め処理で一気にやるものと考えてみてや。こういう処理をするなら、どういうふうに作る？」

大道　「えーと、これをSQLでやるとすると、契約プランによってロジックが違うわけですから、場合わけですよね。直感的には、A、B、Cそれぞれの処理用のSQLを作って3回発行すれば、とか考えちゃいますが……」

ほとんどの人はこの大道君の答えと同じように考えますが、実はそれは典型的な手続き型の発想で、SQL的ではありません。その方法でもできますが、通話記録という件数の多いテーブルを3回走査することになるため性能問題が起きやすいのと、メンテナンスしなければいけないドキュメントやSQL文が3つ以上に分散するため、あまりお勧めできません。

5.3　CASE式にパラメータテーブルを組み合わせる

「場合分け」と言えばCASE式です。前節で触れたCASE式を使うと、このぐらいの処理は十分可能です。具体的には**リスト5-1**がそのコードです。ここで重要なのが**図5-3**に示すパラメータテーブルで、契約プランの仕様をテーブルの形で表現したものです。プランA、B、Cをキーにして通話記録および契約者テーブルをJOINすることにより、個々の通話記録に適用されるパラメータが自動的に選択されます。このため、CASE式で書かれた「課金分数」を判定するロジックをプランA、B、Cすべてで共通化することができます。

リスト5-1　CASE式で処理

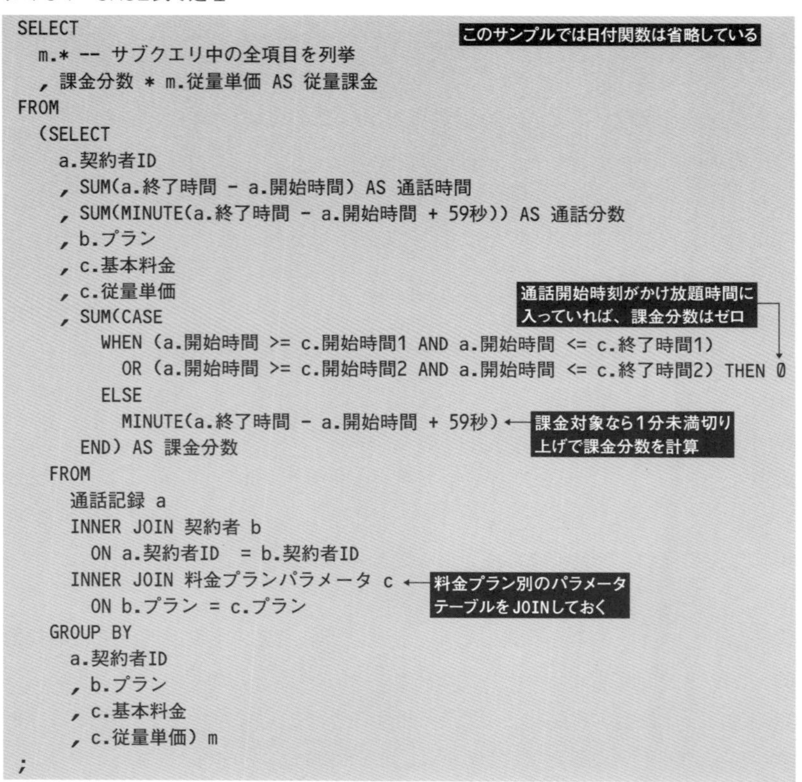

```
SELECT
  m.* -- サブクエリ中の全項目を列挙
  , 課金分数 * m.従量単価 AS 従量課金
FROM
  (SELECT
    a.契約者ID
    , SUM(a.終了時間 - a.開始時間) AS 通話時間
    , SUM(MINUTE(a.終了時間 - a.開始時間 + 59秒)) AS 通話分数
    , b.プラン
    , c.基本料金
    , c.従量単価
    , SUM(CASE
        WHEN (a.開始時間 >= c.開始時間1 AND a.開始時間 <= c.終了時間1)
          OR (a.開始時間 >= c.開始時間2 AND a.開始時間 <= c.終了時間2) THEN 0
        ELSE
          MINUTE(a.終了時間 - a.開始時間 + 59秒)
      END) AS 課金分数
   FROM
     通話記録 a
     INNER JOIN 契約者 b
       ON a.契約者ID  = b.契約者ID
     INNER JOIN 料金プランパラメータ c
       ON b.プラン = c.プラン
   GROUP BY
     a.契約者ID
     , b.プラン
     , c.基本料金
     , c.従量単価) m
;
```


図5-3　料金プランパラメータテーブル（かけ放題対象は完全固定料金型）

プラン	基本料金	従量単価	開始時間1	終了時間1	開始時間2	終了時間2
A	1000	15				
B	5000	30	22:00:00	23:59:59	0:00:00	6:00:00
C	7000	20	9:00:00	22:00:00		

大道　「あ、本当だ……CASE式中の開始時間1、2や終了時間1、2は、契約プランに応じて変わるから……A、B、Cの全部をこれ1本で処理できるんですね」

生島　「かけ放題時間が日をまたぐ部分の処理に注意がいるけど、基本のロジックがこのとおりなら、新しい料金プランができてもパラメータテーブルを修正するだけで済むんよ」

大道　「携帯電話の料金って、○○分を越えたら超過料金がかかったりするのがあるじゃないですか。そういうのもこれでいけますか」

生島　「もちろんいけるよ。試しに、かけ放題時間の通話が400分を越えたら超過単価が1分5円または3円ずつかかる設定でいこうか。その場合はパラメータテーブルを**図5-4**のように変えて、SQLは**リスト5-2**に変える。これで通常の従量料金分と超過料金分を別にカウントできる」

リスト5-2　超過料金計算を処理するSQL

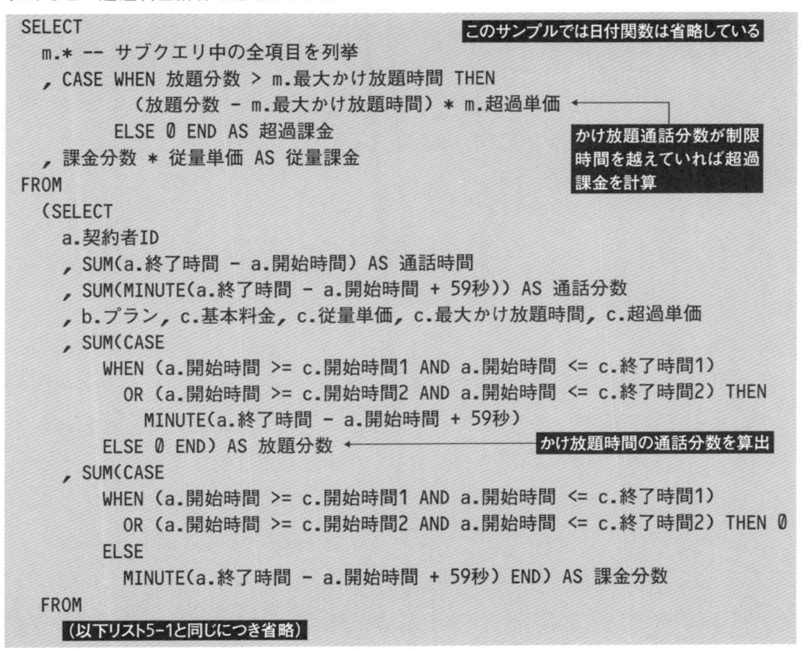

```
SELECT
  m.* -- サブクエリ中の全項目を列挙
  , CASE WHEN 放題分数 > m.最大かけ放題時間 THEN
        (放題分数 - m.最大かけ放題時間) * m.超過単価
      ELSE 0 END AS 超過課金
  , 課金分数 * 従量単価 AS 従量課金
FROM
  (SELECT
    a.契約者ID
    , SUM(a.終了時間 - a.開始時間) AS 通話時間
    , SUM(MINUTE(a.終了時間 - a.開始時間 + 59秒)) AS 通話分数
    , b.プラン, c.基本料金, c.従量単価, c.最大かけ放題時間, c.超過単価
    , SUM(CASE
      WHEN (a.開始時間 >= c.開始時間1 AND a.開始時間 <= c.終了時間1)
        OR (a.開始時間 >= c.開始時間2 AND a.開始時間 <= c.終了時間2) THEN
          MINUTE(a.終了時間 - a.開始時間 + 59秒)
      ELSE 0 END) AS 放題分数
    , SUM(CASE
      WHEN (a.開始時間 >= c.開始時間1 AND a.開始時間 <= c.終了時間1)
        OR (a.開始時間 >= c.開始時間2 AND a.開始時間 <= c.終了時間2) THEN 0
      ELSE
        MINUTE(a.終了時間 - a.開始時間 + 59秒) END) AS 課金分数
  FROM
```


図5-4　料金プランパラメータテーブル（かけ放題に制限があり超過料金がかかる型）

プラン	基本料金	従量単価	開始時間1	終了時間1	開始時間2	終了時間2	最大かけ放題時間	超過単価
A	1000	15						
B	5000	30	22:00:00	23:59:59	0:00:00	6:00:00	400	5
C	7000	20	9:00:00	22:00:00			500	3

大道　「おおー!!　なるほど！　これもやっぱり、課金ロジックがこのパターンにはまる限り、プランが増えてもパラメータテーブルを変えるだけで済むんですね！」
生島　「そういうこっちゃ。今どきの携帯電話はもっとプランの種類が多いやろ？種類が多ければ多いほど、パラメータの変更だけで済むから楽なんよ」

5.4 2万ステップのJavaがたった3つのSQLに？

大道　「パラメータテーブルを作ってJOINで場合分けを処理してしまうなんて、こんな発想、考えもしなかったです」
生島　「手続き型の感覚だと、どうしてもプランで場合分けする方向で考えちゃうからねえ。この方法は誰かに教えられないとなかなか思いつけないけど、こういう細かい条件で精算処理の仕様を変えるような業務は実務的にはえらく多いから、知っておくと役に立つで～」

私の経験では、27パターンある仕訳を2万ステップのJavaで書いた処理の改修を依頼されたことがあります。そのコードの実装と数百ページにもなる詳細設計書の整理には10人月前後を要したそうで、当然バグも多く、ほんの少しの仕様変更にも膨大な工数がかかり、実行も遅いものでした。しかし最終的には、それを3つのパラメータテーブルと3つのSQLで処理するように改修できました。仕様書を理解するのに数日かかりましたが、SQLを書くこと自体は1日も要しませんでした。

そもそも仕様書の理解に数日かかったのは、手続き型言語の設計思想で27パターンの仕訳がそれぞれ別の仕様書にバラバラに書かれていたためです。私はその27パターンを横断的に読んで共通の構造を見つけ出し、パラメータを拾い集めてSQL化したわけですが、もし最初からSQLで処理する前提で設計していれば、する必要のない苦労でした。要件定義から基本設計に関わる人がSQLの設計思想を理解していないと、どうしても手続き型でアーキテクチャを設計してしまい、工数アップ／性能低下／保守性悪化に苦しむことになります。

実際のところ、2万ステップのJavaを3つのSQLに変えたことで性能はざっと100倍に上がりました。しかも複雑とはいえ、たった3つのSQLと、2万ステップのソースコードとを比べると、圧倒的にSQLのほうがメンテナンスしやすくなりました。

大道　「うーん、でも……」

と、そこまでは感心していた大道君ですが、何やら気になることがある様子。

大道　「ただ、やっぱり一見して長くて複雑なSQL文ですし、こういうコードを使いたがらない、SQL嫌いな人はいると思うんですよね」
生島　「そりゃあ、勉強したがらないエンジニアはどうしてもいるからなあ」
大道　「ええ、ただ、彼らの気持ちもわかるんですよね。CASE式とかもちゃんと勉強して生島さんの説明も聞かないと、**リスト5-1、5-2**みたいなSQL文って、パッと見、何やっているのかわけがわからないんですよ。こういうSQL処理のイメージが持てるようにする方法って何かないんでしょうかね……」
生島　「おお、それな……実はあるんやで？　ああいうSQLのイメージがつかめて自然に書けるようになる方法が！」
大道　「え！　どんな方法なんですか？」

5.5 Excel計算式でSQL感覚をつかむ法

この方法はExcelを使います。段取りは**図5-5**のとおりです。

図5-5　Excel操作でイメージを持ってからSQL文に変換する方法

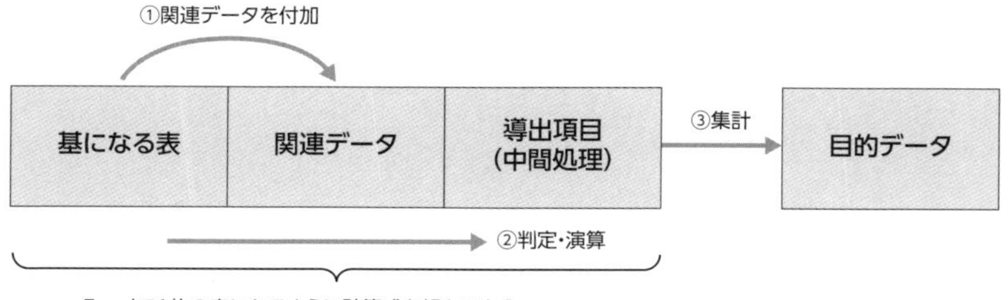

Excelで「基になる表」の横に①関連データを付加し、それらのデータを②判定・演算して導出項目を出し、それを③集計して目的のデータを作る、という

操作を行います。実際にはExcelの計算式／関数を入れた行を1行だけ作り、それをコピー＆ペーストして「ほしい結果の表になるように」します。結局それがSQL文のSELECT、JOINやCASE式などに対応するため、SQLでやっていることのイメージがつかめるようになります。

具体例が**図5-6**です。まず前提として、**図5-2**に示した通話記録テーブルと契約者テーブル、**図5-3**に示したパラメータテーブルはExcel上に個別の表（シート）として作ってあると思ってください。

図5-6　Excel計算式でSQL感覚をつかむ法

基になる表　関連データ1　導出項目1

契約者ID	開始時間	終了時間	プラン	時間	通話時間	通話分数
100000001	2016/6/2 12:31	2016/6/2 12:38	A	12:31:16	0:07:00	7
100000001	2016/6/3 13:26	2016/6/3 13:30	A	13:26:07	0:04:52	5
100000001	2016/6/9 23:01	2016/6/9 23:05	A	23:01:59	0:03:12	4

続く

=VLOOKUP([@契約者ID],契約者テーブル表,3)

=[@終了時間]-[@開始時間]

関連データ2　導出項目2

上の続き

基本料金	従量単価	開始時間1	終了時間1	開始時間2	終了時間2	従量通話内	従量課金	従量課金
1000	15					TRUE	7	105
1000	15					TRUE	5	75
1000	15					TRUE	4	60

=VLOOKUP([@プラン],パラメータテーブル表,2,FALSE)

=AND(NOT(AND([@時間]>=[@開始時間1],[@時間]<=[@終了時間1]))
,NOT(AND([@時間]>=[@開始時間2],[@時間]<=[@終了時間2])))

=IF([@従量通話内],[@通話分数]*[@従量単価],0)

※計算式は1行分作ったらあとは全行にコピペする

図5-6で「基になる表」と記した部分は通話記録テーブルのことで、ここにまずそれぞれの通話がどのプランなのかを示す「プラン」を関連データとして付加します。SQLなら契約者IDをキーにして契約者テーブルとJOINすればプランがわかりますが、Excelでは同じ処理をVLOOKUP関数で行います。導出項目1の内容は「基になる表」の部分から計算式で算出します。

「関連データ2」の部分はパラメータテーブルの情報であり、これは契約プラン名をキーにしてパラメータテーブル表をVLOOKUPで検索して出します。こうして必要な関連データや導出項目を1行にまとめて出してから、それを使って導出項目2を計算するわけです。

Excelを使うと表の操作が見えてくる

大道　「あ……これってつまり、『現実世界』を見えるようにしているんですね？」
生島　「そういうこと！　これで感覚つかんでおけば、SQL文を読むときはExcelのイメージに戻しながら読めるから楽になるんよ」

リスト5-1、5-2のようなSQL文は、文法的な知識で読もうとしてもよくわかりません。けれど、やっていることは要するにこういうことなんです。JOINをするというのは必要なデータを1枚の表にまとめるということであり、WHEREやCASEを使うというのはExcelで言えばIF関数でフィルタリングや場合分けをすることなので、このようなExcel操作で「何をやっているのかのイメージをつかむ」ことができれば、複雑なSQL文を読むのも書くのも非常に楽になります。

事務オペレータのほうが速くSQLを習得できる？

実は派遣で事務職をしているオペレータの人々は、ExcelでLOOKUP関数やIF関数を使ってこのような処理をするのに慣れています。彼らはExcelで複数の表を付き合わせてこの種の作業をすることが多いので、SQLのイメージはすでにできていますから習得が非常に速いのです。Excelオペレーションに慣れている事務職の人の中には、私のSQL講座に参加して2日目にはDML[注3]について私と同じレベルでできるようになった人もいました。

大道　「事務職の人がですか！」
生島　「いや、どちらかっていうと、長年SEをしている人のほうが苦労する傾向があるよ」

注3　Data Manipulation Languageの略。SELECT、INSERT、UPDATE、DELETEなどのテーブル内のデータの取得・追加・更新・削除を行うSQLのこと。

SEよりも事務職のほうが簡単にSQLを習得できる理由は、長年SEをしていた方は問題を見た瞬間に手続き型言語のイメージが出てきて、その方針で考え始めてしまうことにあると思われます。事務職の方は「SQLで行うデータ操作のイメージ」をExcelを通じてすでに持てているので、SQLの考え方を教わると素直に吸収できます。ところが手続き型言語に慣れたSEだと、たとえばこの節の携帯料金の話ならまず3つに分けることからスタートしてしまうため、なかなかSQL的発想で考えることができないのです。これは言語（Java、COBOL、Rubyなど）や設計アプローチ（POA、OOA、DDD、DOAなど）の違いを問わず同じ傾向です。

図5-6にはExcel計算式を一部だけ載せておきましたが、とくに論理式やIF関数の記述などはセルの中に書く関係上、かえってSQLよりも読みづらいことがわかると思います。この点ではSQLのほうがExcelよりも簡単なのです。実際のところ事務処理業務に関してExcelでできないことはほとんどありませんが、それはつまりほとんどの処理はSQLでのほうが簡単にできるということでもあります。

結局SQLはこの種の操作をすることに特化して設計された言語なのですから、それを使わずに、PHPだろうとJavaやC#だろうといずれにしてもオブジェクト指向的とは言っても本質的には手続き型の言語を使ってこの種の処理をするのはお勧めできません。

そして、SQLの習得には「1枚の表にデータを集めて操作するイメージ」を持って考えることが重要で、そのために役に立つのが今回紹介したExcel計算式でSQL相当の処理を作ってみる方法です。テストデータによっては難しいこともありますが、プログラムのテストをするとき、答えをExcelで作ってみると訓練にもなって、一石二鳥になるかもしれません。SQLの働きがピンと来ないときにはぜひ試してみてください。

エピソード6

「INよりEXISTSが速い」神話の真実と相関サブクエリ

300ページを目視で探す前に索引を見よう

大道君が、プログラミング言語の解説書を1ページずつめくり続けて何かを探している様子です。その姿を見た生島氏が……。

生島　「何か探しているの？」

大道　「あ、はい、○○○○というライブラリの用例を探しているんですけど」

生島　「さっきからずっとページめくっているのは、それでかい？」

大道　「はい、なかなか見つからなくて」

生島　「……索引見てみた？」

6.1 INとEXISTSの違いを見極めるポイントとは

INとEXISTSについては誤解されているケースが多く、たとえば開発現場によっては「EXISTSのほうが速いのでEXISTSを基本とし、それで遅かった場合はINを使ってみる」といったガイドラインを設けているケースがあります。しかし、INとEXISTSではそもそもしくみが違うので本来はそれを知って使い分けるべきであり、どちらかを「基本」とするような考え方はおかしいし、「EXISTSのほうが速い」というのも間違っています。正しくは「EXISTSに向いたクエリの場合は速い」というだけのことなので、INとのしくみの違いを知らなければ判断できません。

大道　「具体的にはどう違うんですか？」
生島　「それを知るために重要なのが、選択性の高低という概念やな」

図6-1はいくつかの要素を含む母集合にフィルタをかけて抽出する場面です。

図6-1　選択性の高低という概念

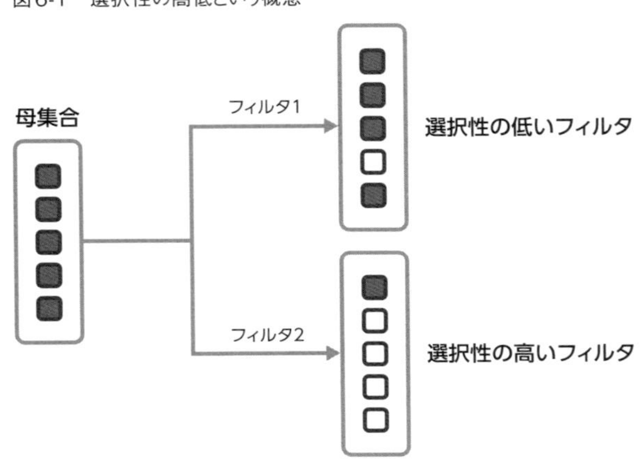

母集合の大半が残っているフィルタ1は選択性が低く、ほとんど残らないフィルタ2は選択性が高いと考えてください。これらの処理はおもにON句またはWHERE句に書き、ON句に書いたものはJOINの前に、WHERE句に書いたものはJOINの後に処理されます。

そのうえで、主表と従属表という概念を考えます。主表の要素に対して従属表の要素が対応づいている関係です（**図6-2-①**）。

図6-2　主表と従属表で二重にフィルタをかけて主表の一部を残す

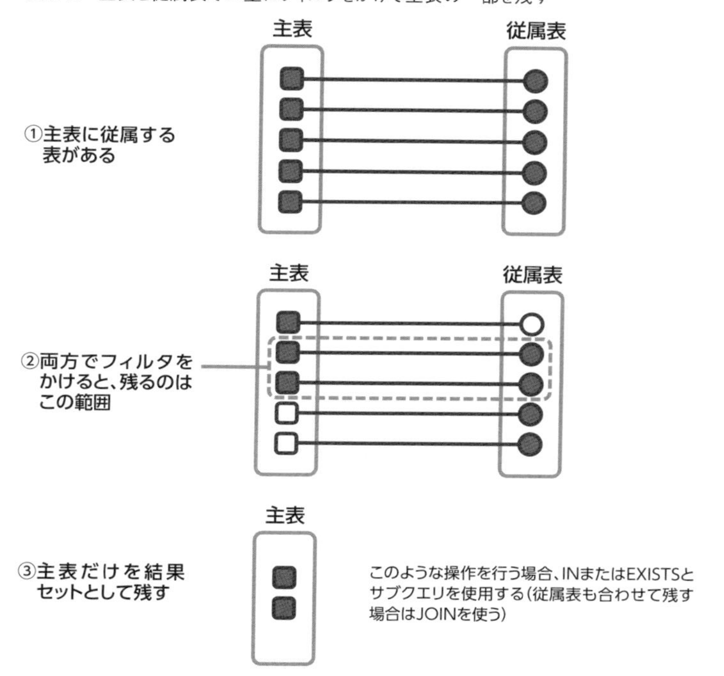

ここで主表と従属表の両方でフィルタをかけたところ、点線の範囲が残ったとします（**図6-2-②**）。

大道　「主表と従属表というのは、たとえば社員一人一人がどこかの部門に所属していたり、スキルを持っていたりするような関係ですか？　つまり……『今年入社した社員で宅建の資格を持っている者を選ぶ』みたいなのが、主表と従属表の両方でフィルタをかけることに該当しますか？」
生島　「そのとおり！」

そうして両方でフィルタをかけたうえで、主表の部分だけを結果セットとして残す（**図6-2-③**）のが、INまたはEXISTSで行う操作です。主表側のフィルタは主問合せのWHERE句に書き、従属表側のフィルタをINまたはEXISTSのサブクエリで書くのが基本パターンです。

大道　「これ、JOINにはしないんですか？」
生島　「もちろんJOINを使って書くこともできるよ。ただ、最終的にほしいのが主表のデータだけなら、JOINを使わずに書くほうがSQLの可読性が高くなる」

6.2 選択性の高低を意識してINとEXISTSを使い分けよう

主表側と従属表側、どちらのフィルタの選択性が高いかによって、INとEXISTSの向き不向きがあります。**図6-3-①**は主表側のフィルタで4件残り、従属表側で2件残るので、従属表側フィルタのほうが選択性が高い例ですね。

図6-3　従属表フィルタの選択性が高いときはIN、低いときはEXISTS

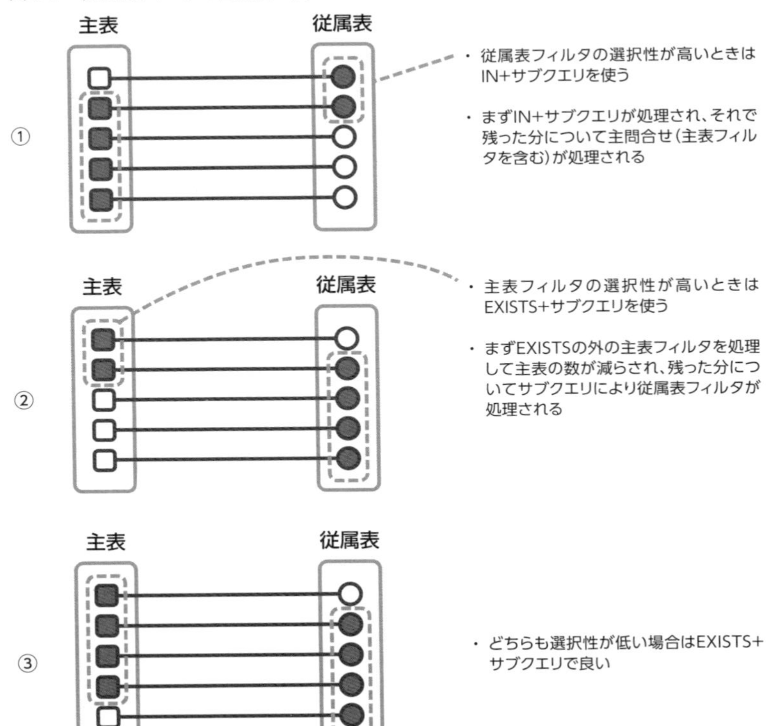

こういう場合はIN＋サブクエリに向いています。INのサブクエリの中に従属表のフィルタを書くと、まずそれが処理されて大きく件数が減ります。そうして残った2件についてだけ主表側のフィルタを処理すればいいので、トータルの負荷が減るというわけです。

図6-3-②は逆に主表側フィルタの選択性が高いパターンです。この場合はEXISTSのサブクエリの中に従属表側フィルタを書くと、主表側フィルタで大きく件数を減らして残ったものについてだけ従属表フィルタの処理（EXISTSサブクエリ）を行うのでトータルの負荷を減らせます。

大道　「ああ、要はできるだけ早い段階でバッサリ削るほうが……」
生島　「そう、最終的にいらんデータは極力最初のうちに削ること！　INは主問合せのWHERE句の前、EXISTSは後で処理されるから、その順番をふまえて考えればええんよ。いらん仕事はするなっちゅうことや」

実用的には、INは従属表の選択性が高くて主表のインデックスが使える場合に向いています。

生島　「じゃあちょっと具体例を見てみようか。ここに音楽楽曲のデータベースがあるとしよう（**図6-4**）」

図6-4　音楽楽曲のデータベースの例

主表
songsテーブル

曲名	発表年	販売数	id
…	1995	4万	1
…	1984	2万	2
…	1992	30万	3
…	2008	120万	4
…	2015	70万	5

従属表
attrテーブル

s_id	季節	テーマ
1	冬	結婚
2	春	卒業
3	春	旅立ち
4	春	入学
5	春	失恋

主表songsに楽曲の基本情報、従属表attrにそれ以外の情報が入っているとする

「100万以上売れた、春の曲」
選択性高い　低い　→　EXISTS＋サブクエリ

「1980年以降の、親子関係を歌った曲」
選択性低い　高い　→　IN＋サブクエリ

生島　「主表のsongsには曲名、発表年、販売数があって、従属表のattrにいろいろな付属情報があるとする。たとえば春にふさわしい曲とか結婚の曲とか、そういう情報はattrのほうに入れてあるわけや。songsとattrは本当は1：N対応だけれど、**図6-4**では単純化して1：1で書いてある。実際にこういうデータベースを作るなら、カラムも季節／テーマのように分けるよりも任意のキーワードやタグを入れる形にすることが多いので、ここはあくまでもINとEXISTSのサンプルとして見ておいてほしい。**図6-4**じゃ5件しか載せていないけど、個人のiPodにでも1万曲ぐらい入っているのは珍しくないし、JASRACが管理している楽曲とかになると300万曲はある。さて、ここであるとき結婚式プランナーのD君が、結婚式で流すBGMに使う候補曲一覧を出そうとしたとする。どんな条件で曲を選べば良さそうかな？」

大道　「結婚式のBGMですか、じゃあ、結婚する年代の人に馴染みがあるほうがいいから、発表年が新しくてある程度ヒットしたのを……それから失恋ものは縁起が悪いから除くとして……」

というわけで発表年が1990年以後、販売数30万以上、失恋の曲は除く、というそれぞれの条件の選択性を見積もると**図6-5**のようになります。

図6-5　選択性の見積もり結果

条件	主／従属	選択性	比率
発表年 > 1990	主表	低	50%
販売数 > 300000	主表	高	1%以下
テーマ <> 失恋	従属表	低	80%

1990年以後の曲は非常に多いので50%は残りそうですが、30万以上売れたものは非常に少ないので多めに見ても1%以下、実際は0.1%もないでしょう。失恋の曲はそこそこありますが主流ではないので、それを削っても80%は残るでしょう。

この条件で候補曲一覧を出すには、EXISTSまたはINを使ってそれぞれ**リスト6-1、6-2**のように書けます。

リスト6-1　候補曲一覧を出すSQL（EXISTSバージョン）

```
SELECT * FROM songs s
WHERE s.発表年 > 1990
  AND s. 販売数 > 300000
  AND EXISTS (
    SELECT 1 FROM attr a
    WHERE
      s.id = a.s_id
      AND テーマ <> "失恋"
  );
```

リスト6-2　候補曲一覧を出すSQL（INバージョン）

```
SELECT * FROM songs s
WHERE id IN (
  SELECT s_id FROM attr
  WHERE テーマ <> "失恋"
  )
  AND s.発表年 > 1990
  AND s. 販売数 > 300000;
```

　EXISTSバージョン（**リスト6-1**）だと、発表年と販売数で絞り込んだ0.5%以下のsongsに対してEXISTSのサブクエリをかけるのに対して、INバージョン（**リスト6-2**）だと、まずattrをフルスキャンして失恋以外の全曲のidリストを出し、それを発表年と販売数で絞り込む流れです。この両者の比較だとEXISTSのほうが速いと推定できます。

大道　「失恋以外の全曲のidリストってことは……たとえば、JASRAC管理の全曲対象だったら200万以上ってことですか？」
生島　「そうなるね」
大道　「うわあ……じゃあ逆に、attrのほうに選択性の高い条件があるときは、INを使うほうが速くなるということですか？　たとえば……東京タワーの曲とか夏の甲子園に関する曲とか」
生島　「そうそう、そういうのは千に1つもないだろうから、attr側で絞り込んでINで渡してやるほうがいいね」

6.3 INとEXISTSの処理の流れをつかもう

図6-6と**リスト6-3**も見ておきましょう。

図6-6　INとEXISTSの処理イメージ

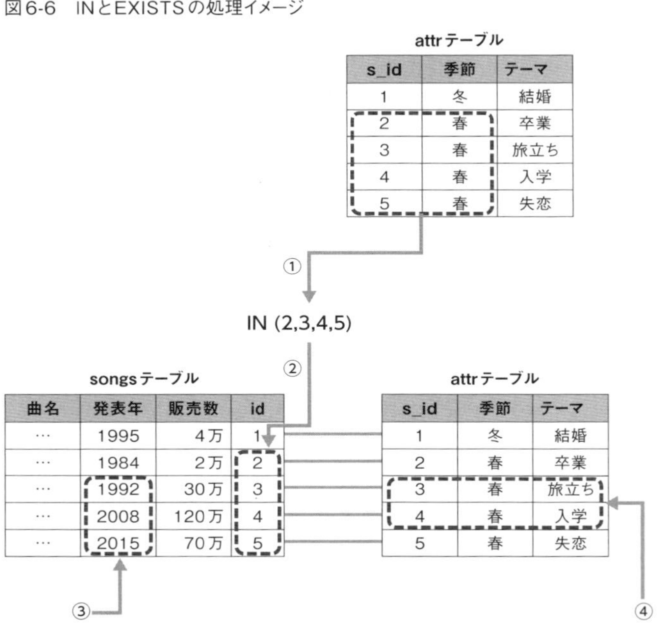

リスト6-3　図6-6を実行するSQL

```
SELECT * FROM songs s
WHERE id IN (
  SELECT s_id FROM attr
  WHERE 季節 = "春"
  )                          ①②
    AND 発表年 > 1990        ←③
    AND EXISTS (
      SELECT 1 FROM attr a
      WHERE s.id = a.s_id
        AND テーマ <> "失恋"  ④
    );
```

リスト6-3はINとEXISTSの処理の全体像をイメージできるように、両方を使ってクエリを書いた例です。**リスト6-3**と**図6-6**の対応する部分に同じ番号①～④を振っているので照らし合わせて読んでください。

まずIN述語のサブクエリで「春」の曲リストを取得する部分が①です。

これを②でINに渡して主表songsの一部を抽出します。

さらに③「**発表年 > 1990**」という条件を付けるとid＝3, 4, 5まで絞り込めます。

こうして残った3件について④のサブクエリを回して「**テーマ <> "失恋"**」をチェックするのが④です。

生島 「さて、こうしてみた場合、性能面で気になるポイントはどこにあるかな？」
大道 「①の処理はattrの全件スキャンですか。attrの件数が多いとすごい数になりますね」
生島 「そのとおり、インデックスが使えないと全件スキャンになるね。季節は種類が数種類しかないからインデックスはほぼ使えないし。というわけで、本来こういう選択性の低い条件でINを使っちゃいけない。この例はあくまでも、INとEXISTSの論理的な流れをつかむためのサンプルとして非現実的なSQLを書いていることに注意してくれ！」
大道 「了解です。で、それから③で残った件数分だけ、EXISTSのサブクエリを回すんですよね？　ここのサブクエリが重いと影響大ですよね？」
生島 「そのとおり！」

実際にはオプティマイザがアルゴリズムを組み替えるので厳密にこうなるとは限りませんが、基本イメージとしてはそのとおりで、これらをいかに軽くするかがポイントです。そこで、従属表フィルタの選択性が高い場合はINに、低い場合はEXISTSに回すという方針が妥当なわけです。

生島 「ところで大道君、BGM曲を選ぶ場合、ざっくりとした候補を出すのはDB検索でやるとしても、そこで出てきたものの中には実際には使えないものもあるだろうから、最終的には自分で1つずつ選ぶだろうね？　もしBGM曲が20曲必要だとしたら、DB検索では何件候補があれば十分かな？」
大道 「そうですね、もし5件に1件の割合で使えるのがあると仮定すると、100件あれば足りますね」

生島　「その場合、最大100件という制限つきでSQLを書くだろう？　その制限はどこに影響してくると思う？」
大道　「あっ……つまり、③が何百万件あったとしても、④で100件見つかればその時点で処理終了ってことですか？」
生島　「そのとおり！」

①のサブクエリは主問合せの最大件数に関係なく全件走るので、attrテーブルが大きければ非常に重い処理になりますが、③以後は③の件数に関係なく④が最大件数制限に達すればそこで打ち切られます。EXISTSのほうが速いと思われがちな理由の1つはこのせいかもしれません。

大道　「ああ、開発中にテスト的にSQLを書くときは件数制限つけますしね……。そこでINよりもEXISTSが速い、と思い込んでしまうことはあり得るかも……」

実際には、INとEXISTSにはそれぞれ向き不向きがあるので、どちらのほうが速いか遅いかはデータの分布と検索条件しだいです。きちんとしくみを理解して使うようにしたいものです。

6.4 しくみを理解して相関サブクエリも使いこなそう

「しくみを理解して使う」うえでもう1つ必要なのが、「相関サブクエリ」という用法です。これはサブクエリの中で主問合せ側テーブルを参照して使う方法で、おもにEXISTSとともに使います。**リスト6-3**の④部分が相関サブクエリの例で、「`WHERE s.id = a.s_id`」とあるように、主問合せ側のsongsテーブルとサブクエリ側のattrテーブルの相関を取っています。一方、①のサブクエリではsongsを参照していないので、こちらは非相関サブクエリです。

相関サブクエリを使うと主問合せ側テーブルの情報を使ってサブクエリを出せるので、少々トリッキーですが、たとえば**リスト6-4**のような処理もできます。

リスト6-4　相関サブクエリによるキー項目重複チェック

```
SELECT * FROM table_a a
WHERE EXISTS
  (SELECT 1 FROM table_a s
  WHERE s.キー = a.キー
  GROUP BY s.キー
  HAVING COUNT(*) > 1);
```


リスト6-4は、COBOLやExcelのデータをRDBにコンバートする場合など、キー項目が重複していることがあるので、それをチェックするSQLです。同じテーブルにa、sと別のエイリアスを付けてマッチングすると、キーが重複していれば2件以上マッチするので、「GROUP BY ～ HAVING COUNT(*) > 1」でそれを検出できます。

大道　「ああ、なるほど……！」
生島　「というわけで、INとEXISTS、それから相関サブクエリについては、イメージがつかめたかな？　いつも言っているけど、こういうイメージを持って考えれば、SQLは簡単なんよ」
大道　「そうですね！　わかりました！」

第2章

SQLとデータベースのしくみ再入門

SQLを書けるようになっても、結果が得られるまでの処理に時間がかかっていませんか？　速く効率的なSQL文を書くためには、データベースのしくみやSQLのアルゴリズムを把握することが大切です。

エピソード7

データベースがSQLを処理する流れを理解する

目に見える操作系の背後で動くしくみを知っておこう

街中に停車している自動車を見て生島氏が大道君に話しかけました。

生島　「自動車整備士を養成する学校のカリキュラムでは、最初に『自動車の構造、構成部品についての基礎』を学ぶことになっている。自動車を整備するためには、整備技術の前にまず『エンジンからタイヤまでどのようにして力が伝わるか』というような『構造』を知らなければいけないわけだ。どうしてだと思う？」

大道　「それは、構造を知らないと整備技術の意味もわからないから……ですよね？」

生島　「そういうことだね。じゃあ、DB技術にとっての『構造』というのはどういう知識かわかるかな？」

大道　「えっと、SQL……？」
生島　「そこは違うな。SQLは車で言うならアクセル／ブレーキペダルにシフトレバーみたいな、人間のための操作系の部分で、目に見える部分にすぎない。本質はそれを処理する内部のしくみなんだよ」

7.1 「ループ」が引き起こす3つの問題

これまで私は多くの開発現場で、「SQLをきちんと使えていない」ことによってさまざまな問題が多発しているのを、あまりにもよく見かけてきました。そこで「SQLをまともに理解しよう運動」を呼びかけるためにこの本を書いています。

「第1章　SQL再入門」では浪速システムズに勤める若いエンジニア、大道君の相談を受けてSQLの基本中の基本というべき「集合指向の言語である」というポイントを確認しました。それをまとめたものが**図7-1**です。

図7-1　SQLは集合指向の言語

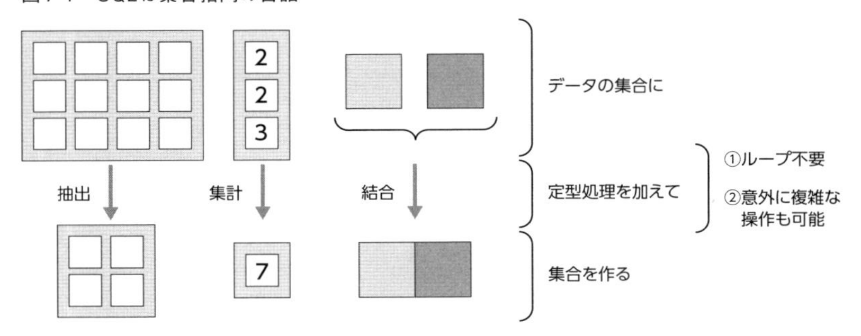

たとえば、あるテーブルから一部のデータを抽出したり、集計したり、複数のテーブルを結合したりする場合、これらはいずれも「データの集合に、定型的な処理を加えて、別な集合を作る」操作です。そして重要なのは、この「定型的な処理」をする際に、SQLなら「①：ループが不要である」ということです。

大道　「毎回ループを強調していますけど、どうしてそんなに重要なんですか？」
生島　「ループを使うと、いろいろ困った問題が起こるんよ。ざっくり言うとこの3つやな」

- バグが増える
- 工数がかさむ
- 性能が出ない

生島　「それぞれどうしてか、**リスト7-1、7-2**を見比べてみれば想像つくやろ？」

リスト7-1　手続き型言語（Java）での集計処理
（orders配列のBillingの合計、最大、平均値を算出）

```
int sum = 0, max = 0, avg = 0;
for(int i = 0; i < orders.length ; i++){
  sum += orders[i].Billing;
  max = (max > orders[i].Billing) ? max : orders[i].Billing;
}
if(orders.length > 0) avg = sum/orders.length;
```

リスト7-2　集合指向言語（SQL）での集計処理
（orderテーブルのBillingの合計、最大、平均値をcustomer_idごとに集計）

```
SELECT customer_id, sum(Billing) , max(Billing), avg(Billing)
FROM order
GROUP BY customer_id;
```

これは第1章エピソード1でも載せた、JavaとSQLで似た集計処理をするコードの例です。SQL（**リスト7-2**）ではcustomer_idごとの集計をしていて、Java（**リスト7-1**）のほうはそれをしていないので単純なはずなのに、かえって複雑なプログラムになっています。

大道　「Javaプログラムのほうはループなんですよね。つまり……バグが増えるのは、ループを使うとmaxやiのような作業変数、制御変数が必要になる分、間違えて書くリスクが増えるからで……そうすると、書く量が増えてバグも出やすいから工数がかさむのは当然で……」

と、大道君は自分で考えたうえで答えを返してきます。頼もしい。

生島　「そのとおり！　性能は？」
大道　「性能が出ないのは……あれ？　ええと？」

　おっと、これがわからないということは、大道君もコードのうえでだけ考えていて、実機のハードウェア上でどこをどうデータが処理されて流れていくかというイメージを持てていないのかもしれません。

7.2 DBとAPの役割分担を考えるための見取り図

生島　「性能の件も含めて、こういう構造は知っといたほうがいいよ」

と私は**図7-2**を見せました。

図7-2　DBとAPの役割分担を考えるための見取り図

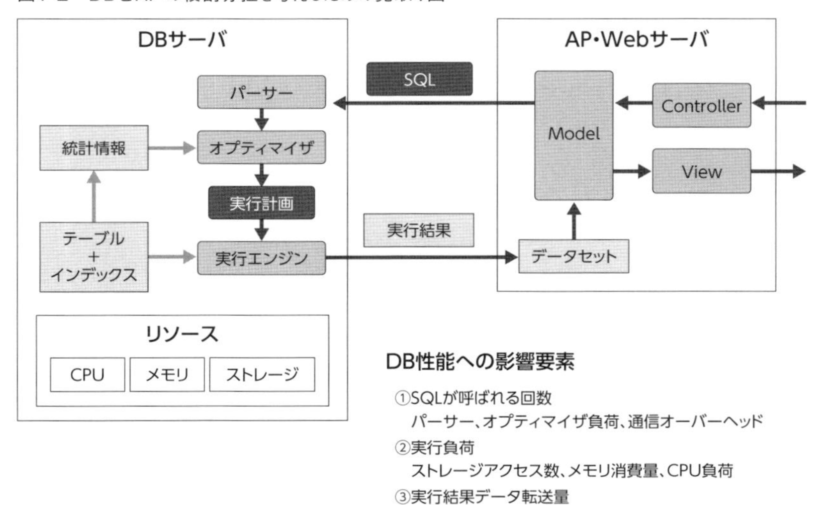

　通常、DBサーバと、アプリケーション（AP）サーバ、Webサーバは別です。ここではAPとWebを一緒にして、DBサーバと分けてあります。アプリケーション側のプログラムは「Model」「View」「Controller」というフレームワークで考えるのが一般的です。いわゆるオブジェクト指向のMVCモデルにならった考

え方で、Modelはデータセットを抽象化したものでDBとのインターフェースを司り、Viewはそれをユーザに表示し、Controllerはユーザ入力をModelに反映させる役割を持ちます。DBへデータを反映させるのはModelの役割で、ModelがSQLを発行します。

DBサーバがSQL文を受け取るとパーサー、オプティマイザが解析して実行計画を作り、それを実行して結果をAPサーバに返します。

こうした構図の中でDB性能に影響する要素は大まかに3つあります。まず、①SQL文が呼ばれる回数が多いと、SQL文を実行計画に変換するパーサーとオプティマイザの処理、および通信によるオーバーヘッドがかさむため、できるだけ少ないほうが良いわけです。

大道　「単純なSQLをループで何千回も投げてAP側で集計するなんてのは、論外ってわけですね」
生島　「そういうこっちゃ」

次に、②実行負荷に影響するのはDBサーバの物理リソースであるストレージ、メモリ、CPUをどれだけ使うかです。CPUよりもストレージへのアクセス回数とメモリ消費量がボトルネックになる場合が多く、これを減らすためにはテーブルとインデックスの設計およびそれをふまえた効率の良いSQL文の設計が重要です。

大道　「ここはSQLをよく理解していないと、できないところでしょうか？」
生島　「そうなんよ。SQLが苦手なエンジニアはたいていこれができないんよね」

最後に、③実行結果データ転送量ですが、ネットワークの転送速度はどうしてもメモリバスの帯域幅よりも遅いので、使いもしないデータをDB－APサーバ間で大量に転送するとその分遅くなります。

大道　「やっぱり、集計値しか必要ないのに、明細データを全部転送してAP側で集計するなんてのは論外、と……」
生島　「論外もええとこや。**リスト7-1**のコードでも、実際の業務APだとJavaのループ内でDBにクエリを投げるわけやろ？　そうするとループの回数分だけネットワーク越しにSQLを投げて大量のデータを転送することになるわけで、

①と③に該当して遅くなる。SQLで集計すれば、クエリは1回で済むし、ネットワークを転送するのは集計結果の小さなデータだけ」

大道　「じゃあ、この種の処理は必ずSQLでやるべきで、手続き型言語のループでやったほうがいい場合というのは存在しないんですか？」

生島　「そんな場合があるんやったら、教えてほしいわホンマ。もちろん例外はあるけどね」

大道　「あ、でも、SQLでやれるのは『定型的な処理』だけですよね？　その処理の部分が複雑になってきたら、どうなんでしょう？」

生島　「ところが実は『定型的な処理』と言っても、結構複雑なことができるんよ」

大道　「え、そうなんですか」

生島　「なのにSQLが苦手なエンジニアはそれを知らんか、知っててもやりたがらへん。ほんで、本来SQLで書くべき処理を**図7-2**の『Model』に載せていたりする」

大道　「そうすると、①、②、③の全部にひっかかって遅くなりますか……」

生島　「そういうことやね～。大道君はそんなSQL嫌いになったらあかんで～」

ところがそんな「SQL嫌い」の開発者が私たちの前に立ちはだかる機会は意外に早くやって来たのです。

エピソード8

実行計画で実際のアルゴリズムを把握しよう

闇に閉ざされた世界にもっと光を！

ここは自動車レースが開催されているサーキット。メカニックの1人がのぞき込んでいるPCには、車の各所に仕込んだセンサーからの信号を受信するテレメータシステムにより、車体のデータが時々刻々更新されていて異変がすぐに察知できるようになっています。

「便利になったもんじゃのう……昔はこんなデータはわからんかったから、今から思えば暗闇の中で手探りでやってるようなもんじゃった」と語るのはチームの長老。

しかし、RDBについてはいまだに「暗闇の中で手探り」的な使い方をしている例が少なくありません。SQLが実際にどのように処理されているかを知らないまま、手探りで闇雲なチューニングをしてはいないでしょうか？　その闇に光を当てるテレメータにあたるのがDBでは「実行計画」です。

8.1 ぐるぐる系SQL、使っていませんか？

DBMS、つまりDataBase Management Systemを直訳すればデータベース管理システムとなるように、RDBは大量のデータを管理する用途に特化して作られています。大量のデータの「管理」とは、単に保管しておくだけでなく、条件に合うデータの抽出、集計、結合のような操作を含みます。たとえば、売上を地域別にあるいは顧客別に集計する場合、在庫数を計算する場合など、ビジネス実務でよくある「一定の条件に合ったデータに一括して決まった処理をする」ケースを非常に簡単に、しかも高速に処理できるように作られているのがRDBなのです。

しかし、RDBへの問合せ言語のSQLは一般的な手続き型／オブジェクト指向言語とは設計思想が違うため、間違った使い方をされているケースが非常に多いのが現実です。その「間違った使い方」の代表的なものが「ぐるぐる系SQL」です。

この「ぐるぐる系SQL」という言い得て妙な表現は、『SQL実践入門』[注1]の著者であるミックさんがブログで書かれていたものです。本書でも前節までに書いてきたとおり、「単純なSQL文をぐるぐる回すように呼び出して、AP（アプリケーション）サーバ側のループ処理で集合操作をする用法」のことです。SQLを理解していない人はよくこれをやってしまうので、自社のシステムでも使っていないかどうか、チェックしてみると良いでしょう。ぐるぐる系SQLに対して、集合操作をRDB側でやらせる方式を一発系SQLと呼ぶと、両者には**図8-1**のような違いがあります。

注1　ミック 著、『SQL実践入門 ――高速でわかりやすいクエリの書き方』、技術評論社、2015年

図8-1　一発系SQLとぐるぐる系SQLの比較

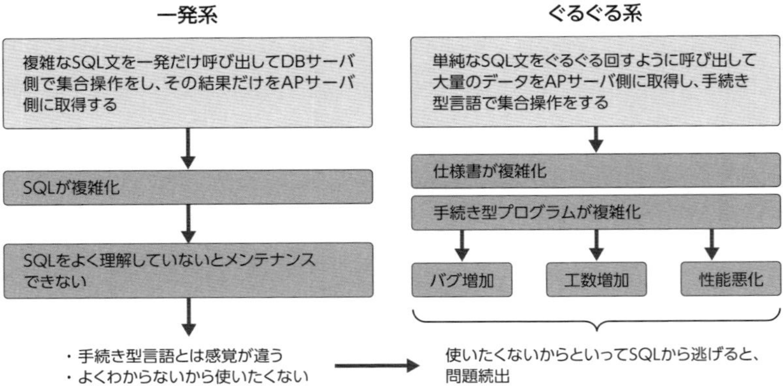

SQLから「逃げる」ほど問題は悪化する

一発方式はSQLが複雑化するため、SQLをよく理解していないとメンテナンスができなくなります。そこで「わからないから使いたくない」と思ったときの逃げ道がぐるぐる系SQLで、これをすると仕様書とコードが複雑化し、当然その結果バグが増え工数もかさみ性能も出ない、という三重苦を引き起こすわけです。

要するに「逃げる」からかえって問題が起きます。本気で勉強すればSQLの集合指向の概念もそれほど難しいものではないし、そのほうが簡単になるので本来はきちんと学んで一発系SQLを使うべきです。会社としてもそんな技術者を育てなければいけないのですが、それをさぼって手続き型言語の延長で考えようとするから理解できなくなります。純粋に技術的に言えば、ぐるぐる系SQLを使ったほうがいい理由など1つもないのです。しかし、その主張がそのまま組織内で通用するとは限りません。

「わかっていない」ベテランの理解を得る方法とは？

五代　「あんたSQLわかってませんやろ、なんて言ったらケンカになりますわ……」

と五代さんが悩んでいるのはそこです。浪速システムズの社内で別チームのリーダーが「SQLはよくわからんから使いたくない」という、一発系SQLから逃げるタイプでした。大道君のような若者は技術を素直に吸収してくれることが多いのですが、プライドだけが高いベテランは聞く耳を持たないことがあります。それをどう納得させるかは頭の痛い問題でした。

五代　「ですんで……こんな方針でどうですか？」

と、五代さんがある提案を切り出しました。

状況提示

- 一発系SQLを使えば「こんなお困りを解決できますよ」というありがちなケースを示す

根拠説明

- 「手続き型言語とSQLを適材適所で使い分けるべきである」という技術的な理由は淡々と説明する

友好姿勢

- 困ったときはご相談ください、とにこやかに言う

五代さんが言うには、人は敵対的な相手の言うことは聞かないので、とにかく味方だと思わせること。そのためには「困ったときに役に立ってあげる」ことが大事で、それにはタイミングよく相談してもらう必要があるので、「こんなときは」といういかにもありがちなケースをにこやかに伝えておく。今の段階では、技術的な理由については説明はするがゴリ押しはしない、と。

生島　「困って泣きついてくるのを待つということですか。時間がかかりますよね……」
五代　「しゃあないです。人って本気で困らんうちは、考えを変えませんから」
生島　「泣きついてくるときって、デスマーチになって、もう相当なダメージを食らっちゃっているときじゃないですか？」
五代　「そうならないように根拠説明はしますよ。でもきっと聞く耳を持たんでしょう。それで痛い目見るのは、彼の自己責任ってもんです。幸いと言っちゃ何ですが、向こうは別チームです。うちらは困ったときにすがりつける手を用意しとけばいいんです」

冷たいようですが、それが一番現実的な考えに思えました。我々は、彼が間違った判断をしても、直接すぐに被害を受けるわけではありません。気長に考

えてその方針でいくことにしました。

そして、「困って泣きついてくる」機会は実際、すぐにやってきたのです。

8.2 しくみを理解せずに使えば一発系も遅くなる

五代さんの方針に沿ってSQL嫌いのチームリーダーに「状況提示」「根拠説明」をしたものの、予想どおり一発系SQLの採用には難色を示したため、「友好姿勢」でいったん話を収めたその数日後のこと。再び大道君を通じてヘルプコールがかかってきました。

生島　「今度はなんやねん？」
大道　「月次請求処理だそうです」

バッチ処理の一部が遅いので調べてほしいということでした。いくつものSQLを発行する複雑なプログラムでしたが、少し調べてみると原因は1ヵ所に絞り込めました。問題が起きていたSQLの細部を削って単純化したエッセンスだけを載せたものが**リスト8-1**です。

リスト8-1　問題が起きていたSQL

```
SELECT *
FROM 売上データ U
  LEFT OUTER JOIN
    (SELECT * FROM 顧客マスタ WHERE 削除FLG <> 1) C
  ON U.顧客ID = C.ID
WHERE
  -- 売上データに対する絞り込み条件;
```

生島　「なるほどこれか。さて、こいつが遅いのはなぜだと思う？」
大道　「これは、ぐるぐる系じゃないですよね？」

そのとおりで、2つのテーブルにJOINをかけて一発で結果セットを引いてくるものですから、ぐるぐる系ではありません。

大道　「サブクエリが問題なんでしょうか」

生島　「まあ、これなら本来はサブクエリ使わんでもいいSQLだから、それで解決するやろな」

サブクエリでパフォーマンス劣化が起きやすいことはよく知られていますし、ここまで単純化していれば誰でも見つけられることでしょう。しかし、実際に使われていたSQL文はもっと複雑だったため、それがわかりにくくなっていました。だからこそ「複雑なSQLを嫌う」考え方が出てきやすいのでしょうが、それこそが「SQLを理解していないから逃げようとする」本末転倒な発想です。

生島　「で、どうしてサブクエリ使うと遅くなるん？　理由は？」
大道　「えっと……」

この理由がわからないと、本来サブクエリが役に立つときでも、かたくなに使おうとしないケースもあります。やはりしくみをきちんと知ることが大事です。

生島　「これは今までとは違う問題やけど、RDBとSQLを理解するには重要なポイントやから知っておくとええよ。ほな、実行計画を見てみよか」

8.3 実行計画の確認はSQLチューニングの基本！

SQL文がDBサーバで処理される基本の流れは**図8-2**のようになります。

図8-2　SQL文の処理の流れ

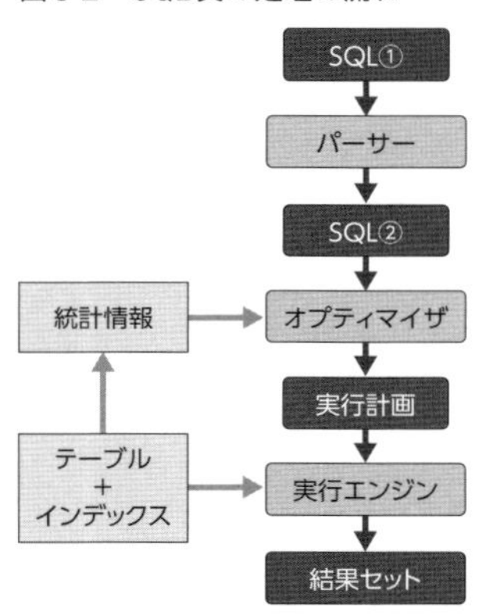

発行されたSQL文（図中のSQL①）はパーサーによる冗長部分のカットなどの加工を経て単純化され（SQL②）、それをもとにオプティマイザが実際のデータ処理アルゴリズムを組んだものが実行計画です。「実行計画」は手続き型言語で言うところのソースコードに該当するため、遅いSQLがあったら実行計画を確認するのは基本中の基本です。

大道　「実行計画はあんまり見たことなくて……」
生島　「これ読むとクエリの実行ロジックが推測できるようになるから、いろいろ見てみるとええよ。まずは**図8-3**と**図8-4**を比べてみると、何が違う？」

図8-3　MySQL実行計画（サブクエリなし）

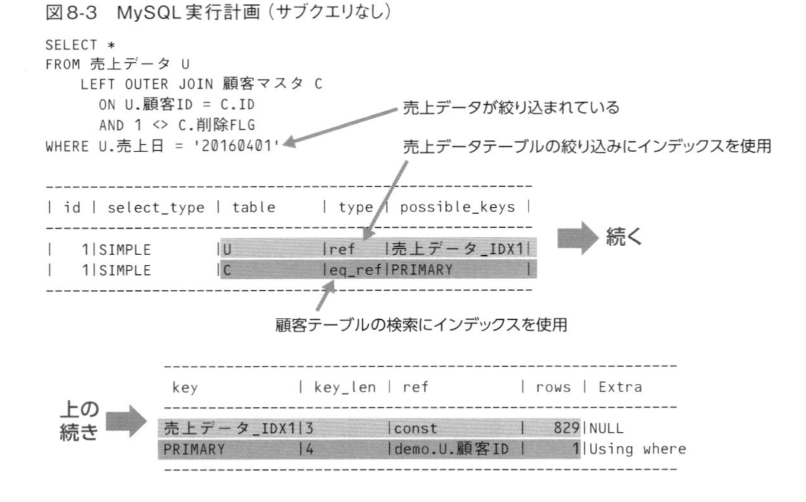

```
SELECT *
FROM 売上データ U
    LEFT OUTER JOIN 顧客マスタ C
      ON U.顧客ID = C.ID
      AND 1 <> C.削除FLG
WHERE U.売上日 = '20160401'

-------------------------------------------------------
| id | select_type | table      | type | possible_keys |
-------------------------------------------------------
|   1|SIMPLE       |U           |ref   |売上データ_IDX1|
|   1|SIMPLE       |C           |eq_ref|PRIMARY        |
-------------------------------------------------------

 ----------------------------------------------------------
  key            | key_len | ref           | rows | Extra
 ----------------------------------------------------------
 売上データ_IDX1|3         |const          |   829|NULL
 PRIMARY        |4         |demo.U.顧客ID |     1|Using where
 ----------------------------------------------------------
```

図8-4　MySQL実行計画（サブクエリあり）

```
SELECT *
FROM 売上データ U
    LEFT OUTER JOIN
    (SELECT * FROM 顧客マスタ WHERE 削除FLG <> 1) C
      ON U.顧客ID = C.ID
WHERE  U.売上日 = '2016/04/01'
```

```
------------------------------------------------------
| id | select_type | table      | type | possible_keys |
------------------------------------------------------
|    1|PRIMARY      |U          |ref   |売上データ_IDX1|
|    1|PRIMARY      |<derived2> |ALL   |NULL           |
|    2|DERIVED      |顧客マスタ |ALL   |NULL           |
------------------------------------------------------
```

続く

サブクエリで顧客マスタテーブルを全件読み込み、
その結果のテーブルにインデックスを使わず全件アクセス

上の続き

```
-------------------------------------------------------
 key              | key_len | ref             | rows | Extra
-------------------------------------------------------
売上データ_IDX1|3      |const            |    829|NULL
NULL             |NULL    |demo.U.顧客ID |     10|NULL
NULL             |NULL    |NULL             | 20083|Using where
-------------------------------------------------------
```

図8-3、8-4はそれぞれあるSQL文と実行計画（MySQL 5.6.1で生成）の組を掲載しました。SELECT文の下の表形式の部分が実行計画です。詳しい読み方はMySQLのリファレンスを参照していただくとして、本稿ではポイントのみ触れます。

大道　「違いは顧客マスタテーブルの絞り込みにサブクエリを使っているかどうか、ですよね。えーと……サブクエリを使うとインデックスが使われない？」
生島　「そのとおり！　サブクエリの結果テーブルへのアクセスにはインデックスが使われない。だから注意が必要なんよ。まあ、今回の**リスト8-1**についてはそもそもサブクエリを使わないようにすれば、それで解決すると思うよ」

図8-4の実行計画最下行、「`DERIVED 顧客マスタ　～`」の部分が「`削除FLG <> 1`」で顧客マスタを抽出するサブクエリで、その上の「`PRIMARY <derived2> ～`」の部分がその結果の読み込みです。注目すべきはどちらも「`type = ALL`」になっていることで、これはインデックスを使わずにテーブルを全件読み込んでいることを意味します。

大道　「サブクエリを使うと遅くなる、というのはそれが理由だったんですか」
生島　「実行計画を読むと、実際どんなアルゴリズムでテーブルにアクセスするかがわかるから、性能トラブルシューティングするときは必ず確認するとええよ。複雑なSQLでも実行計画を見れば、遅くなるところは見つけやすいんよ。とくに『type=ALL』には注意する」
大道　「はい！」
生島　「ただし……実行計画はDBの製品、バージョン、データの状態によって変わるから、実環境と同じ環境でやらんと意味ないんで、そこは注意してな」

実は近年MySQLも賢くなっていて、バージョン5.6.3からはサブクエリの結果に対して自動的にインデックスを生成して使用するようになっています。もちろん、インデックスを作りなおすため、もともとあるインデックスを使うよりは遅いですが。

また、たとえばテーブルのデータ件数が少ない場合は、インデックスがあっても使わずに全件読み込みをしたほうが速いこともあるため、オプティマイザが実行計画を生成する際は、読み込むテーブルのデータ量やインデックスの有無などについての統計情報をヒントにしています（**図8-2**）。そのため、SQL文が同じでもデータが違えば異なる実行計画になることがあります。

大道　「そうなんですか」
生島　「DB製品による違いも大きくて、Oracleはこのへんの処理が賢いんよ」

Oracleでは**図8-4**のようなSQL文を、パース処理の段階でサブクエリを使わない形に書き換えてしまいます。また、MySQLにはないアルゴリズムを利用して、インデックスがなくても高速にJOINをすることが可能なのもOracleの特徴です。

大道　「なるほど……。SQL文が同じでも、実際の処理アルゴリズムが同じとは限らないんですね。それを確かめるには、実行計画まで見なければいけない、と……」

そのとおりで、SQLはゴールを示す仕様書のようなものであり、実際のデータ処理ロジックを作るオプティマイザがプログラマ（PG）にあたります。データの件数や分散具合をヒントにして、SQLが示すゴールを得るための実行計画を作るのがPG（オプティマイザ）の役割です。このため、同じSQLでもデータの状況が違えば違う実行計画を生成しますし、バージョンが上がれば賢くなり、ベンダーによっても性格が違います。その性格を見越してSQLを書く必要があるわけです。

これらのしくみは一見取っつきにくそうに見えるかもしれませんが、落ち着いて考えればけっして難しいものではありません。しくみを理解して、「逃げずに」SQLを使ってみませんか？　実行計画を見ることはそのための第一歩なのです。

エピソード9

インデックスが効くときと効かないときの違いとは？

便利な機能には前提条件がつきもの

とあるネットワークビジネス勧誘の現場にて。

勧誘者が2枚の鏡に油を垂らして広げて洗う実験をしてみせる。一方は普通の市販洗剤を原液で使い、他方は自社商品「D」を20倍に薄めたもので洗う。すると、明らかに「D」のほうが格段に汚れ落ちがいい。

勧誘者　「いかがですか？　市販品は原液でも落ちないのに、Dなら20倍に薄めて使ってもこんなによく落ちるんですよ！　とってもお得ですよね？」

おお、すごいですね！と、どよめく来場者の中に空気を読めない客が1人。

客　「あの、ちょっといいですか？　洗剤というのは、もともと水で薄めて使うように作られているので、原液で使ったら汚れが落ちないなんて当たり前ですよ。規定の濃度に薄めて試してみてもらえますか」
勧誘者　「……」

便利な機能にはたいてい前提条件があるもので、それを無視していてはベネフィットは得られません。

9.1 自分が教える側になれば一番よく勉強できる

ジトジトした梅雨空が広がるある日のこと、大道君が真剣な表情で聞いてきました。

大道　「生島さん、インデックスについて教えてください！」
生島　「おお？　今回はなんや、また何か遅いコードが出てきたんか？」
大道　「いえ、単に勉強したいんです」

今までは実システムでの性能トラブルがあって、私がその改善策の相談にのる中で大道君にRDB技術の基本を教えるという形で彼に関わってきましたが、今回はとくにトラブルがあったわけではないとのこと。

大道　「今までのことを振り返ってみると、RDBのしくみをきちんと理解して使わないとこういうトラブルはなくならないな、と思えたので、時間があるときに勉強しておきたいんです！」
生島　「おお！　そら、ええ心がけや！」

すばらしい！　この姿勢は本当に大事です。思わずナデナデしたくなりましたが、キモいのでやめておきました（笑）。とはいえ、一から十まで私が手取り足取り解説するのは、緊急のトラブル対応時ならともかく、平時には効率が悪すぎます。幸い現代では市販の雑誌・書籍やネット上にさまざまな技術解説があるので、まずはそれらを利用することにしましょう。

生島　「ほんじゃま、まず自分でインデックスについて調べてみて、それを自分の後輩に教えるつもりで発表してみよか？」

大道　「えっ……ぼ、僕がですか？」

生島　「自分が教える側になるのが一番いい勉強になるからな～」

大道　「は、はい……ひえ～」

技術的知識の構造を意識して整理しよう

といっても完全に放っておくのもそれはそれで効率が悪いので、少し助け船を出しました。

生島　「ついては、**図9-1**の『技術的知識の構造』を意識して整理するとええよ」

図9-1　技術的知識の構造

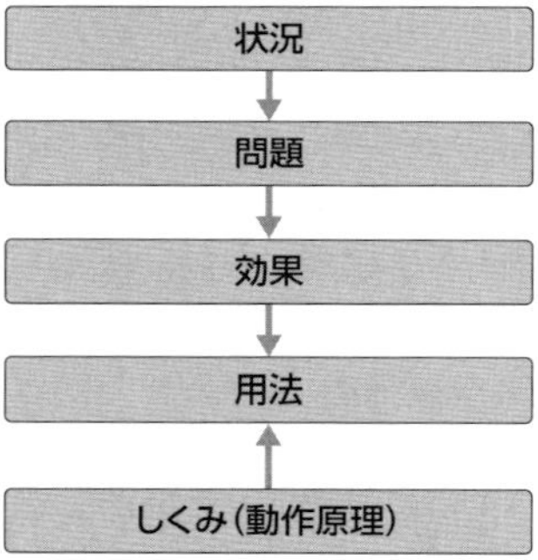

状況
↓
問題
↓
効果
↓
用法
↑
しくみ（動作原理）

ある「状況」において、ある「問題」つまり何か困ったことが起きる、それを解決するために、何らかの「効果」を求めて、ある「用法」を適用する、その用法は「しくみ（動作原理）」に基づいている、と、こんな構造に沿って技術的知識を整理すると、理解しやすく説明しやすいことが多いのです。

大道　「状況というのは……」

生島　「たとえば前回（エピソード8）の話だったら、『顧客別に売上を集計する』というのが状況で、『遅い』というのが問題やね」

大道　「じゃあ効果は、それを速くすることですか。そして用法はサブクエリを使わないようにすること？」

生島　「そのとおり！」
大道　「しくみは……」
生島　「サブクエリを使うとインデックスが無効になるので、テーブルの全件アクセスが起きる、というのがしくみ」
大道　「あ、なるほど、そうですね……」
生島　「人に発表するときはとくに重要なんやけど、『こういう状況だとこういう問題が起きるから、困りますよね？』という話をまずするんよ。人間、困るなあと思ったことは人の話を聞こうとするから。そこでおもむろに、『その困った問題を解決するためには、こんな効果がほしいですよね、その効果はこの用法で得られます』と話を続ける。で、じゃあなぜその用法で効果が出るのか？という理由を知るために必要なのがしくみ、動作原理というわけや」
大道　「了解です！」

ということで、1週間後に大道君がインデックス技術について発表する社内勉強会を開催することになりました。

9.2 インデックスがない検索はなぜ遅い？

そして早くも1週間後。浪速システムズの一室にて、私と五代さんほか2名の若いエンジニアを前に緊張した面持ちの大道君による発表会が始まりました。

大道　「今回はRDBの検索を高速化するために有効なインデックス技術についてお話しします。まずはインデックスがない場合にどのようなことが起こるかを理解するために、ある状況をイメージしてください」

会話体で進めると長いので、ここから先は大道君の話を私がまとめた形でお伝えしましょう。

ある大きなテーブル、たとえば100万人分の会員マスタがあるとします。ここからたとえば「アオキ ユウコ」という名前の会員を検索したところ、非常に遅かったとしましょう。**図9-1**のフレームワークを使うと次のようになります。

状況

・大きなテーブル（会員名簿100万件）から読み仮名項目で「アオキ ユウコ」を検索する

問題

・レスポンスが遅い

効果

・レスポンスを改善する

用法

・読み仮名項目にインデックスを使用する

現実の問題解決をする場合には、「問題」と「効果」が上例のように裏返しにはならない場合も多いですが、本稿では扱いません。

さて、「読み仮名項目にインデックスを使用する」というのはこの問題を解決する有力な案ですが、なぜそれが効果を発揮するのでしょうか？　それを理解するためにはインデックスのしくみを知らなければなりません。そのために、まずインデックスがない場合の検索動作がなぜ遅いのかを確認しましょう。ということで**図9-2**です。

図9-2　大きなテーブルの検索（インデックスなし）

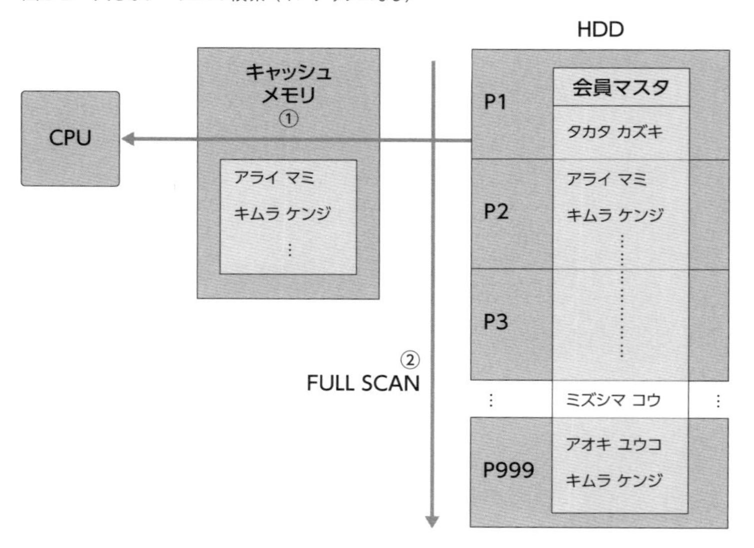

テーブルはハードディスク（HDD）上に「ページ」単位で保存されています。ページというのはMySQLでHDDを読み出す単位を呼ぶ用語で、Oracleのように「ブロック」と呼ぶ製品もあります。P1、P2……P999が「ページ」です。

矢印①が示すように、HDD上のデータはページ単位で読み出され、いったんキャッシュメモリに載り、それをCPUが処理します。**図9-2**はHDD上のP2のデータがキャッシュに載っている状態を示しています。

この状態で検索をすると、P2の分のデータはキャッシュが使われますが、それ以外についてはHDDを読みにいくことになります。いったん読まれるとキャッシュに載りますが、キャッシュメモリの容量を超えると捨てられてしまうため、次の検索時にはまたHDDアクセスが発生します。HDDはメモリよりも格段に遅いため、高速化するにはHDDアクセスを減らさなければなりません。しかし、テーブルのデータはソートされていないため、インデックスがないと目的のデータがどのHDDページに載っているかわかりません。結局、矢印②が示すようにP1から延々とHDDを999ページ（ただしキャッシュにある分を除く）読み続けなければいけないのです。

ユニーク性が保証されない項目の検索とは

と、そこまで聞いたところで質問してみました。

生島　「同姓同名というか、読みが同じ名前があったらどうなるんや？」
大道　「いい質問ですね！　たとえば『キムラ ケンジ』を検索したとき、P2のデータはキャッシュにあるのですぐ発見できますが、読み仮名はユニーク項目じゃありません。ほかにも同姓同名がいるかもしれないので、そこで検索を終われないんです。実際P999でもう1人見つかります。結局、インデックスなしで読み仮名検索すると、検索完了までに必ずテーブル全件の読み出し（FULL SCAN）が発生しますので非常に遅くなります！」

うーむ、完璧な回答。しかも「いい質問ですね！」で返すとは大道君恐るべし。

結局、たった1件のデータを探すためにHDDを999ページ（もちろん、データ量が多ければそれ以上）、FULL SCANしなければいけない、というのはあまりにも無駄が多いわけです。なんとかこれを減らせれば高速化できます。多くのページを読まずに、目的のデータが存在するページを特定する方法があればいいのですが、でも、どうやって？

9.3 インデックスが効くと無駄なページを読まずに済む

ここで役に立つのがインデックスで、そのしくみのイメージが**図9-3**です。

図9-3　大きなテーブルの検索（インデックスあり）

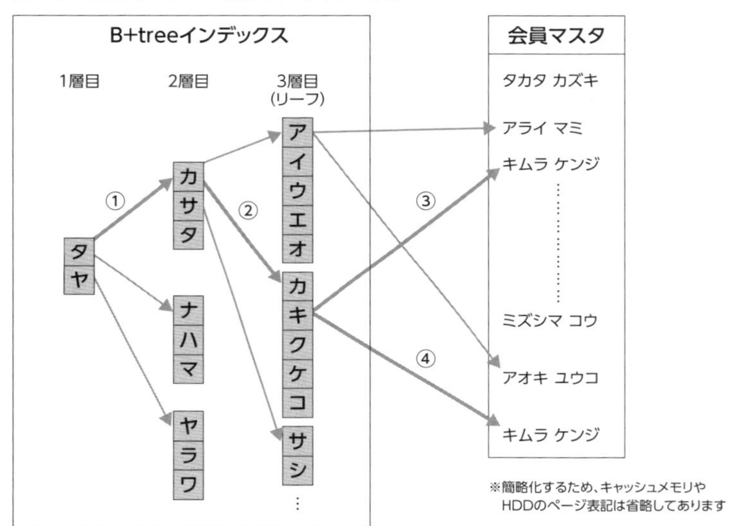

読み仮名項目にB+tree（ビーツリー）という方式のインデックスを付けると、**図9-3**左側のようなデータ構造が作られます[注2]。

ここでたとえば「キムラ ケンジ」を検索する場合、まずインデックス左端の「タヤ」というノードを読み、「キ」は「タ」の前にあるので次は①をたどって「カサタ」のノードを読みます。次いで「キ」は「カ」のあとにあるので今度は②をたどって「カキクケコ」のノードを読み、そこで得られる「キ」のリーフには、キから始まる名前へのポインタがすべて収納されているため、③、④のリンクをたどって「キムラ ケンジ」が存在する2ヵ所のHDDページだけを直接読み出すことができます。

これがINDEX SCANで、FULL SCANと違って無駄なページをいっさい読まないので短時間で検索できるわけです。なお、「リーフ」というのはインデック

注2　B+treeはインデックスの実装方式の主流。B-treeとも呼ばれるが、厳密にはB-treeを実用的に扱いやすく改良したものがB+tree。

スの末端ノード、**図9-3**でいえば3層目のことを言います。ただし、**図9-3**は簡略化しているため3層ですが、リーフを含むB+treeの階層数は実際には4層以上のことが多いです。

また、MySQL（InnoDB）ではプライマリーキー・インデックスのリーフ自体にテーブルの実データが載っているため、プライマリーキーでの検索やその順序での出力が速いのに対して、Oracleではプライマリーキーであってもリーフには実データではなくポインタが載っているため、どのキーでもバランスよく性能を発揮するといった細かい違いがあります。

「読み仮名項目のデータをこのように木構造化すれば、インデックスを3階層読むために3ページ、実データに1ページ、合計4ページだけHDDを読めば検索が完了します。インデックスなしの場合は999ページ読まなければならなかったのに比べると圧倒的な差ですね！」と大道君。ここまでは完璧。

インデックスが役に立たないケースとは？

生島　「じゃ、インデックスが役に立たないときっていうのは、ないんかな？」と質問してみました。

大道　「えっ、それは……1つあるのは、テーブルがすごく小さいときは必要ない……ですよね？」

確かに、会員名簿が1,000件しかなくて全データが数ページ以下に収まってしまうようなら、インデックスによる検索速度改善はほとんど期待できず、逆に追加／更新時の負荷が増えるだけです。

生島　「そのとおり！　で、ほかには？　検索の条件とかデータの分散具合によってはインデックスが役に立たないことがあるんだけど、どういうときやと思う？」

ここまでしくみを理解しているなら、よ～く考えれば、インデックスが役に立たない条件に気がつくはずです。すぐに誰かに正解を聞こうとするのではなく、自分で考えるという習慣をつけてほしい。それがトラブルシューティングのときに生きてきます。

大道　「検索の条件とか……」

生島 「いつもいつもフルネームで検索できるとは限らんやろ？」
大道 「……あ、そうか！　後方一致検索はできないんですね？」
生島 「それや！」

図9-3のB+tree構造を見てもらうとおわかりのように、データを頭から照合していくため、たとえば「like "%ムラ"」のように後方一致や中間一致で検索しようとするとインデックスは使われません。

大道 「前方一致だったら使えるのか……あ、待てよ……『like "サ%"』みたいな検索をすると……」

おおっ、これはひょっとすると、と思っているうちに大道君、**図9-4**を書き出しました。

図9-4　検索結果が非常に多い場合

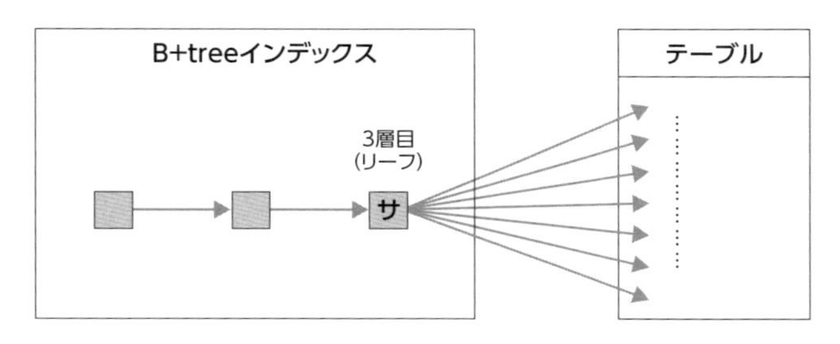

大道 「こういうふうに検索結果がすごく多いと、結局どのページも読まなきゃいけなくなる、みたいなことに……」
生島 「おお、そうなんよ。"佐藤"とか日本人にめちゃ多い苗字で前方一致検索とかやった場合やね。こういう場合は検索ヒット数が多くなるんで、読まなきゃいけないページが増えて、やっぱりインデックスの効果が薄れる。あとは、否定条件で検索した場合もインデックスは効かない」
大道 「つまりあれですか、検索結果が少なければ少ないほど、インデックスの効果が大きいってことですよね？」
生島 「ええとこに気がついた！　それや！」

カーディナリティの高いデータ項目に注目せよ

実はこれはインデックスを考える場合の非常に重要な観点で、「カーディナリティ」という用語で呼ばれています。この用語がインデックスについて使われる場合、簡単に言うとデータが分散していればいるほど「カーディナリティが高い」といって、インデックスを作るのに向いています。

たとえば「性別」は通常2種類しかなく、もし「不明」や「その他」を加えたとしても数種類しかありません。「都道府県」も47しかありませんので、カーディナリティは原理的に低くなります。一方、姓名、顧客番号、商品コード、受注日時のような項目はカーディナリティが高いため、インデックスによる検索性能向上効果が高くなります。

生島　「あと1つ補足しておくと、インデックス末端のリーフはソートされてつながってるんよ」

図9-3からインデックスの2、3層目だけを簡略化して書いた**図9-5**にそのイメージを載せておきました。

図9-5　インデックスの「リーフ」はソートされている

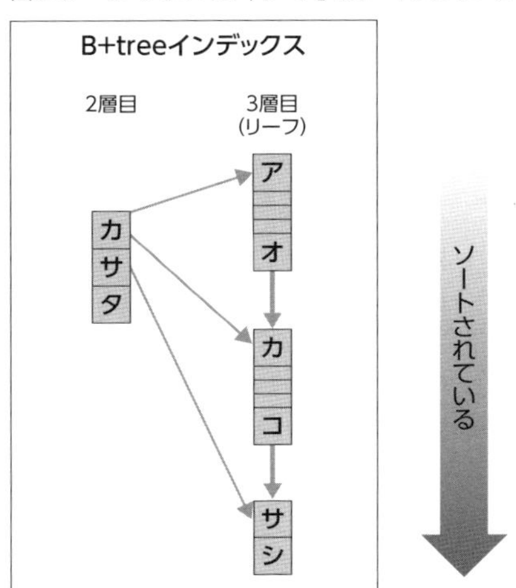

実際のRDBではリーフ同士が**図9-5**のオ→カ、コ→サの部分にある太い実線のようなポインタでつながっていて、リーフ部分だけをたどるとソートされた

状態になっています。このため、たとえば「先月1日の9:00から12:00までの注文を検索する」といった上下限範囲指定の検索も効率よくできます。

9.4 「しくみ」がわかっていないと真の応用は利かない

大道　「ははあ……しくみがわかっていると、いろいろ考えられるものなんですね」
生島　「そう、そこが大事なんよ。しくみがわかっていれば、実際のデータでどんなふうに動くかイメージがわくやろ？　たとえば『性別』にインデックス張っても無駄やって、**図9-3**がイメージできれば一発でわかるし、部分一致検索したらどうなるかも類推できたやろ？」
大道　「そうですね！　おもしろいです！」

本稿では最初に**図9-1**のような「状況→問題→効果→用法←しくみ」のフレームワークを紹介しました。実は、「こういう効果を上げるためには、この用法を使えば良い」という、用法レベルの知識を仕入れて満足してしまい、「しくみ」を理解しようとしないエンジニアが意外に多いことを私は危惧しています。

その用法がなぜ有効なのか、という「しくみ」レベルをわかっていないと、真の応用は利きません。しくみをわかっていれば、今回大道君が途中で「あ、待てよ……」と気がついたように、「しくみ」に合わない状況に対して「カンが働く」ようになります。「用法」を暗記しただけでは絶対に不可能なことです。

大道　「わかりました！」
生島　「おお！　でもな、まだまだこれからやで？　実は『削除フラグ』みたいな、普通に考えるとインデックスに向かない項目にもインデックス張る手法もあるし、前方一致検索に向かないデータとか、文字数の多いテキストにインデックス張るときはどうするとか、細かい手法がまたいろいろあってな。インデックスの方式だってB+treeだけやないし」
大道　「わかりました！　もっと勉強します！」

という大道君の返事はいつになく頼もしいものでした。

エピソード10

JOINのアルゴリズムを理解する

メカニズムを知らなければ正しい推論はできない

冬の雪国の道路をクルマで走っていたら、急にエンジンが止まってしまったとする。携帯電話も通じず極寒の中に取り残されたら死ぬかもしれん。ほとんどクルマの通らない道路だから助けが来る見込みもない。そこでふと横を見たら何十年も誰も住んでいなそうなレンガ造りの廃屋があった。中に入ってみたら燃えそうな家具や本がたくさんある。どうする？　こんな例え話を生島氏がしてきました。

大道　「たき火をして暖を取るしかないんじゃないでしょうか。廃屋なんだから室内でいいでしょう、そのほうが風もしのげるし。もし所有者がいても、あとで話をつければいい。生きるか死ぬかの問題なんですから」
生島　「もしそこで『室内でたき火をするなんて、火事になったらどうするんですか！』と反対されたら」
大道　「レンガ造りなんでしょう？　きちんと考えて燃やせば火事になるわけがないじゃないですか。心配しすぎだよ！という感じですね」

生島　「火事が起きるメカニズムをきちんと理解して対策を取ればいいってことやね？」
大道　「そういうことです。当たり前の話ですけど」
生島　「その『当たり前』を無視した極論がDBの世界ではまかり通ってるんだよねえ」

10.1 SQLから「逃げる」ほど問題は悪化する

関係のあるデータをつなぎ合わせて「まとめて処理をする」操作を簡単に記述できるのがJOINですが、開発現場によってはJOINの使用を禁止している場合があります。

大道　「あ、ちょうどその件でご相談したいんですけど」

と大道君が言うので話を聞いてみると、こんな事情でした。

(1) 一部の協力会社の技術責任者が、強硬にJOIN禁止の方針を出していて困っている
(2) JOIN禁止の理由は次の3つ
  a. わけのわからないトラブルを起こしやすい
  b. 将来ユーザが増えたときにスケールアウトしにくい
  c. 以上の悪影響によりJOINを使うとコスト高になる
(3) ちょうど折悪しく、OracleからMySQLに移行しようとしているプロジェクトの案件でJOINがらみの部分でトラブルが起きたことも彼の主張を後押ししてしまった

こういう理屈でJOIN禁止の方針を採っている場合、実際のところはJOINというものをよく理解していない可能性が濃厚です。JOINというSQL文の背後でRDBが何をしているのかをわかっていないから「a. わけのわからないトラブル」を起こすような設計をしてしまうし、「b. スケールアウトしにくい」「c. コスト高になる」という短絡的な発想にもなるのでしょう。ですので、この機会に性能評価のポイントになる部分を中心に、JOINが実際に行っている処理のイメージを確認しておきましょう。

生島　「JOINのアルゴリズムはおおまかに3種類あるというのは、聞いたことがあるかな？」

大道　「あ、ありません」

生島　「単に1つのテーブルからデータをSELECTするときも、インデックスがあるかないかで実データの探索アルゴリズムが変わったやろ？　JOINも結局、マッチするデータを探索してくっつけるわけだから、何種類かアルゴリズムがあるんよ。それを知っておくと、どういう場合にどう性能が変わるか見当がつくようになるから『わけのわからないトラブル』にはならんわけや」

10.2 3種類のJOINアルゴリズム

以下、具体的に見ていきましょう。大きなテーブルを結合するとDBに負荷を与えがちなため、何かと敬遠されることも多いJOIN機能の実装アルゴリズムは、大まかにネステッドループ、ソート／マージ、ハッシュの3種類があります。Oracleはこの3種類すべてを実装しているのに対して、MySQLではネステッドループ方式だけが実装されています。

ネステッドループ結合

ネステッドループ結合の処理イメージは**図10-1**です。

図10-1　ネステッドループ結合

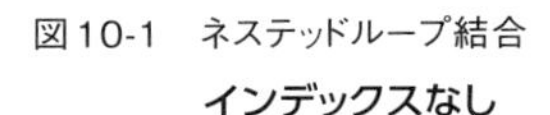

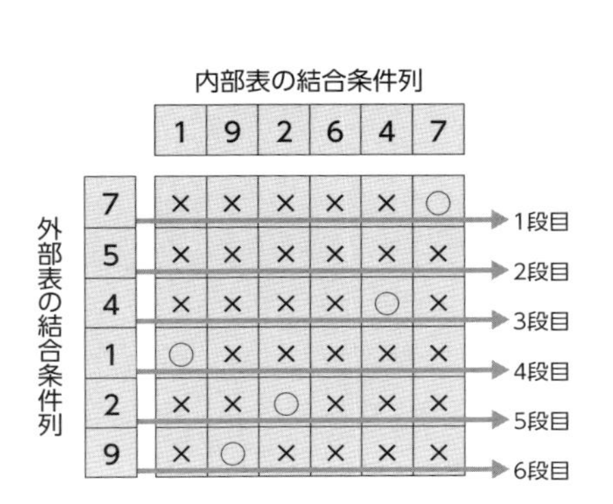

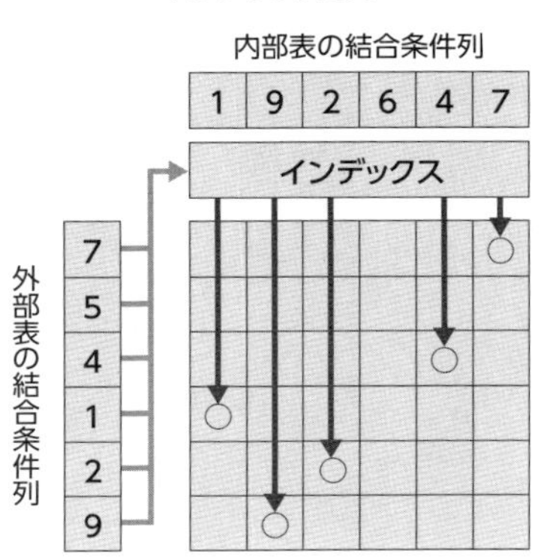

「外部表（売上データ）」の全件に対して、「内部表（顧客マスタ）」の中からマッチするものを探して結合する処理であると考えてください。インデックスがない場合は外部表と内部表の全件について結合条件値を2次元に展開した表を作り、そのすべてについて結合判定を行うと考えるとわかりやすいです。1段目、2段目……とループが重なるのでネステッドループ結合と言います。○と×の両方をチェックしていくため、件数が増えると爆発的に負荷が増えるのが直観的にわかることでしょう。

大道　「じゃあ、たとえば1万件のテーブル同士をJOINすると……1万×1万で1億個の○×チェックが走るってことですか」
生島　「そうなるね」

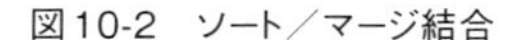

そんなわけで、この方法は外部表の一部をインデックスのある内部表に結合する場合に向いています。インデックスがあるとマッチするデータを直接探せるため、「×」のチェックが不要になり、高速に処理することができます。

ソート／マージ結合

2つめ、ソート／マージ結合の処理イメージは**図10-2**です。

図10-2　ソート／マージ結合

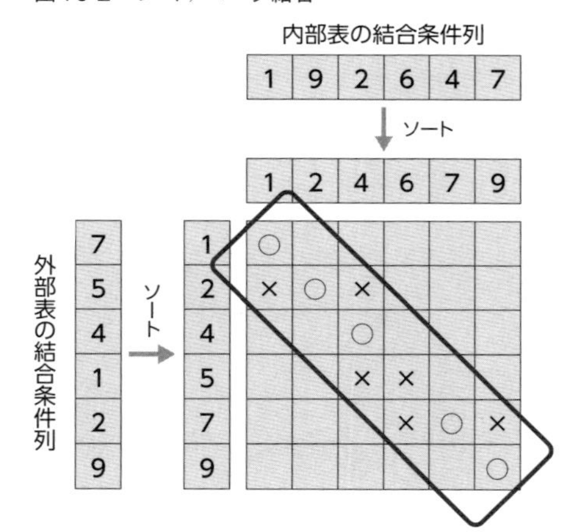

外部表と内部表の結合条件列の双方をソートしたうえで、双方の値を少しずつ増やしながらマッチングをかけます。**図10-2**のように対角線上の部分だけをチェックするイメージになるため、インデックスなしのネステッドループに比べてチェック件数が減り、表の大部分のデータ同士でも高速に結合することができます。非等価結合でも使用可能です。ただし、いったんソートする負荷がかかるため、基本的には結合するカラムの双方にインデックスがあって、あらためてのソートが不要なときに使われます。

ハッシュ結合

3つめのハッシュ結合の処理イメージは**図10-3**です。

図10-3　ハッシュ結合

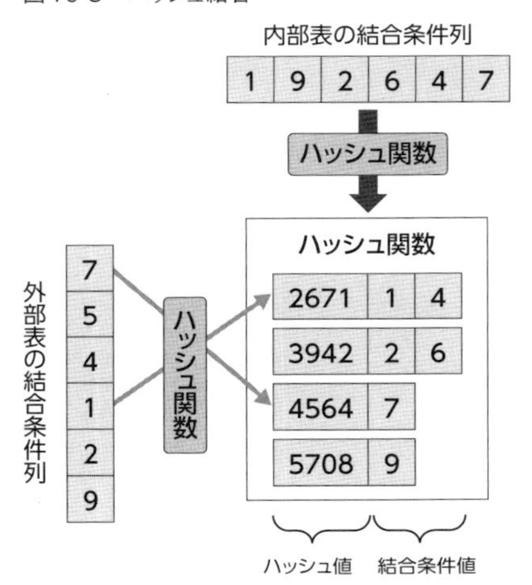

内部表の結合条件列の値をハッシュ関数にかけてハッシュテーブルを作ったうえで、外部表の値を同じハッシュ関数にかけてマッチングの候補となる内部表の値を探します。ハッシュ値がちょうどインデックスのような役割を果たしており、結合する可能性がある内部表の値を低コストで少数に絞り込めるため、高速に結合できます。重いソート処理が不要なため、インデックスのないテーブルを効率よく結合することができます。ただし、ハッシュ関数の特性上、等価結合の場合のみ使用可能です。

大道　「じゃあハッシュ結合なら、さっきの例みたいな、インデックスのないテーブル1万件×1万件でも高速にJOINできるっていうことですか？」

生島　「そうなるね。ネステッドループ結合だとレコード数の掛け算のオーダーで結合の負荷が増えるからレコード数が増えると爆発的に重くなるけど、ハッシュ結合ならハッシュ値の計算コストがだいたい一定なので、レコード数が増えても結合の負荷は足し算のオーダーでしか増えない。だから、件数が増えれば増えるほどハッシュ結合のほうが有利になるし、だいたいのパフォーマンスの予想もつくよ」

大道　「なるほど！」

10.3 SQLはしくみを理解して使うことが重要

一発系SQLを嫌って、ぐるぐる系SQLを使いたがる理由の1つとしてよく挙がるのが「複雑なSQLはDBに負荷がかかるから」というものです。しかし、実際に複雑な一発系SQLで高負荷なものを調べてみると、こうしたしくみを理解せずに下手なSQLを書いていることが原因の場合がほとんどで、きちんと理解して使えば「わけのわからないトラブル」は起きません。と、そこで、

大道　「実はそのトラブルの話なんですが……」

と大道君が**リスト10-1**を持ち出しました。

リスト10-1　性能劣化を招いていたSQL文

```
BEGIN

SELECT *
  FROM 在庫数 z
    INNER JOIN 製品マスタ p
      ON z.製品ID = p.ID
       (他、いくつかのマスタ)
  WHERE
    z.製品ID = ?
  FOR UPDATE ;       -- z.在庫数
```

リスト10-1は、冒頭のJOIN禁止の理由の（3）で「折悪しく、Oracleから MySQLに移行しようとしているプロジェクトの案件でJOINがらみの部分でトラブルが起きた」という話の問題の部分です。ECシステムの注文処理時に「在庫があったら引き当てて注文を確定し、なかったらロールバックする」という処理で性能劣化およびデッドロックが多発していたということでした。

大道　「いわゆる『ぐるぐる系』じゃないんです。普通にJOINを使って読んでいるんですが……」
生島　「この『**-- z.在庫数**』というコメントが気になるな。これ、Oracleから MySQLに移行したと言ってたよね？」
大道　「そうです。もともとはOracleでした」
生島　「ははあ、それで読めた。MySQLではロックの粒度が違うことによる問題やな、これは」
大道　「どういうことですか？」

言うまでもなく、ロックというのはシステムの中の1つしかないリソースを多数のプロセス（スレッド）が同時に使おうとしたときに発生するもので、1つのプロセスが占有すると残りはそれが解放されるまで待たされるため、レスポンスタイムの悪化を引き起こします。この種の現象は同時ユーザ数やデータ量が増えたときに起こりやすく、逆に言うと常に再現するわけでも不正なデータが残るわけでもないため「わけのわからないトラブル」として受け止められやすいものです。

生島　「実はOracleとMySQLでは、このSQLでのロックの動きが違うんよ。それで、MySQLに移行したら問題が起きたんやろね」
大道　「それはひょっとして『**-- z.在庫数**』というコメントが関係あるんですか？」
生島　「そのとおり。実はMySQLではSELECT文で『**FOR UPDATE z.在庫数**』という構文が使えない。だから、移行するときにもともと入っていた**z.在庫数**を削ってコメントにして残しておいたんやろ。それで文法的には通るようになったけれど、ロックで問題が起きたというわけや」

サブクエリ化でロック範囲を制限する

OracleとMySQLでのロックの違いを簡単に書くと**図10-4**のようになります。

図10-4　OracleとMySQLのSELECT ～ FOR UPDATE

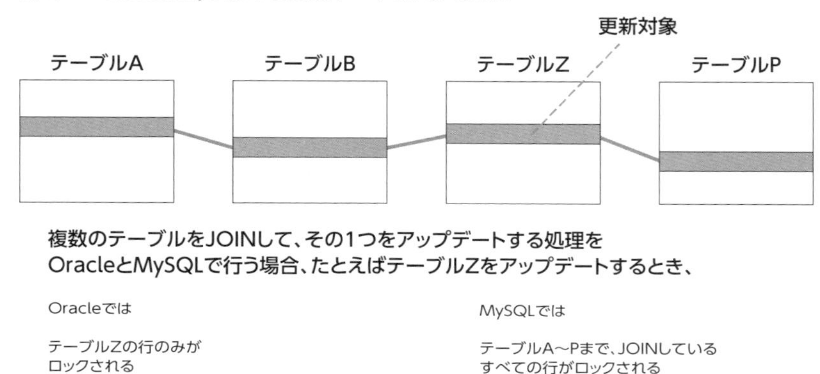

Oracleでは「`FOR UPDATE`」のあとに「テーブル名.カラム名」を指定することでロックの範囲を狭くすることができますが、MySQLではできません。

大道　「じゃあ、これはOracleからMySQLに移行するときに起こりやすい問題なんですか」
生島　「そういうことやね。で、これを回避するにはSELECT文を**リスト10-2**のようなものに変えてやればいい」

リスト10-2　FOR UPDATEでのロック範囲限定方法（MySQL向け）

```
SELECT *
FROM
  (SELECT * FROM 在庫数 z WHERE z 製品ID = ? FOR UPDATE) z
  INNER JOIN 製品マスタ p
    ON z.製品ID = p.ID
  (他、いくつかのマスタ);
```

大道　「いったんサブクエリを使うことで、FOR UPDATEの範囲は在庫数テーブルだけだよということを教えてやるんですか」

生島　「そういうこと。こうしても実行計画は素直にJOINしたのと同じになるからパフォーマンスは変わらない。ロック範囲が狭くなるだけ」

そう聞いて実際に実行計画を調べてみる大道君。

大道　「本当ですね、変わらないですね！」
生島　「そんなわけで、下手な使い方をしたら、そりゃあいろいろと問題を起こしますけど、それを『a. わけのわからないトラブル』と呼ぶのは単にSQLを知らなすぎ、技術力がないということだと思いますよ」

デッドロックの発生パターン

大道　「ついでにもうひとつ教えてください。単に同時競合だったら性能は落ちても動くと思うんですけど、デッドロックというのはどうして起こるんですか？」
生島　「そういう場合はこいつを見てくれ」

図10-5が典型的なデッドロックの発生パターンです。

図10-5　典型的なデッドロックの発生パターン

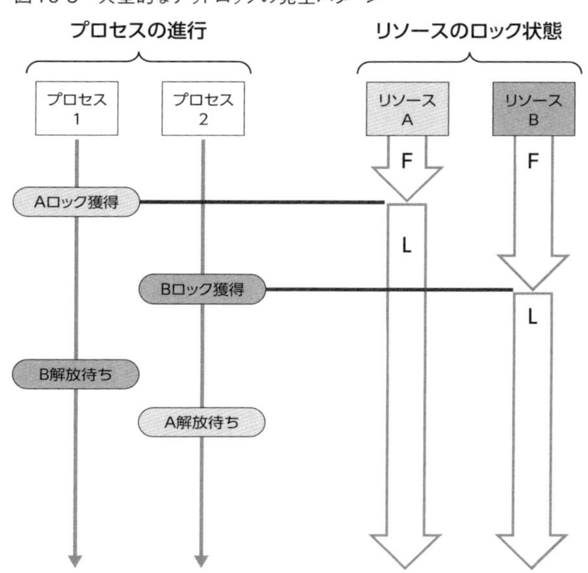

プロセスが2つあり、どちらもリソースAとBを使いますが、プロセス1はA→B、2はB→Aとそれぞれ違う順序で排他的ロックをかけようとしています。リソース側の「L」はロックされた状態、「F」は解放された状態を表します。

生島　「ここで実行のタイミングがたまたま『1がAをロック→2がBをロック』という順序で進むとどうなる？」
大道　「あ……その時点でAB両方がロックされた状態になって、その後もうひとつのリソースをロックしようとすると解放されるまで待たされて……お互い相手を待ってて止まってしまうわけですか」
生島　「そういうこと」

デッドロックはタイミング依存の障害ですからテストでは発見しにくく、実運用に入って負荷が上がったところで起きるため、開発者にとってはやっかいな問題です。これまでよく勉強してきた大道君でも知らなかったように、RDBでの開発経験の長いエンジニアでもわかっていないことは珍しくありません。

大道　「ということは……プロセス1と2がどちらもA→Bの順番でロックをかけるように作っていれば、これは発生しないんですか？」
生島　「そう、それがデッドロック回避の一番の基本やね。それにはDBへのアクセスシーケンスをきっちりと管理する必要がある。そのためにはAPから好き勝手にDBを呼ぶのではなく、DB側にAPIを持たせてAP側からは必ずそのAPIを通してDBを使うようにすべきだよ」
大道　「えっ？　DB側にAPIを持たせる？」

あまり聞いたことのない発想だとは思いますが、「APIファースト開発」と言って実際に私の会社で採用していて効果を上げてきた方法です。これについては第5章で触れることにします。

10.4 回避できるデメリットはデメリットではない

そこで五代さんがおもむろにつぶやきました。

五代　「今回みたいに一応技術リーダーをやっている人間にJOINのデメリットを説明されると、そういうものかと思ってしまいますけど、単に回避する方法を知らないだけなんですかねえ」
生島　「少なくとも、デメリットがあるから使わない、というのはおかしいですよね。新しい技術にはデメリットはあるに決まっています。それを上回るメリットがあるから使われるので、デメリットは防ぐ方法を講じればいいだけです」

新しい問題には新しいテクノロジーが作られるものです（**図10-6**）。

図10-6　「デメリットがあるから使わない」というのはエンジニアにとって正しい姿勢ではない

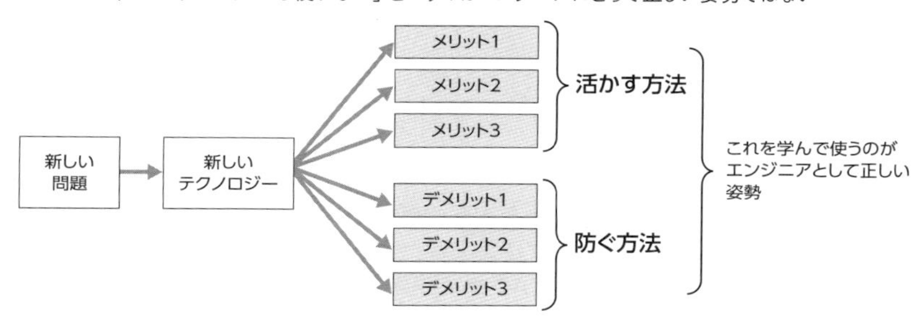

何十年もの歴史があるRDBを「新しいテクノロジー」と呼ぶのも変なものですが、現代でも手続き型言語からプログラミングを覚えた人にとっては、集合指向のパラダイムで作られたRDBは「新しいテクノロジー」と言えるでしょう。新しいテクノロジーにはそれぞれ特有のメリットもデメリットも複数あるもので、それを活かす方法も防ぐ方法もきちんと学ばなければ有効には使えません。それをきちんと学んでいない人間はデメリットを過大評価・メリットを過小評価して「新しいテクノロジーを使わないことを正当化」していることがあります。JOIN禁止というのもそれに類する主張と思われます。

10.5　JOINを使うと高コストになる？

大道　「ところで、冒頭の（2）-cに出ていた、コストの考え方についてなんですけど」

五代　「そう、そこは気になりますわ！　JOINを使うとコスト高になるという主張について、どう考えたらえぇのかと」

生島　「一理あるのは、(2) のb、『スケールアウトしにくい』というのは必ずしも嘘とは言えない。DBサーバが1台で済まなくなって分散させるときには、JOINを使っているとちょっと手間がかかる。ただ、最初からそれを想定して設計しておけば、たいしたことはない。つまり知っていれば回避できるわけや！」

五代　「そういうことなんやね」

生島　「まあ、コストをたいしたことないとか、ちょっととか定性的に言うのは難しいけど、私の意見としては傾向としては**図10-7**のようなイメージになるね」

図10-7　JOINを使う場合と使わない場合のコスト・パターン

JOINを使う場合:
最初にサーバ分散をするときの出費が大きいが平均的には低い

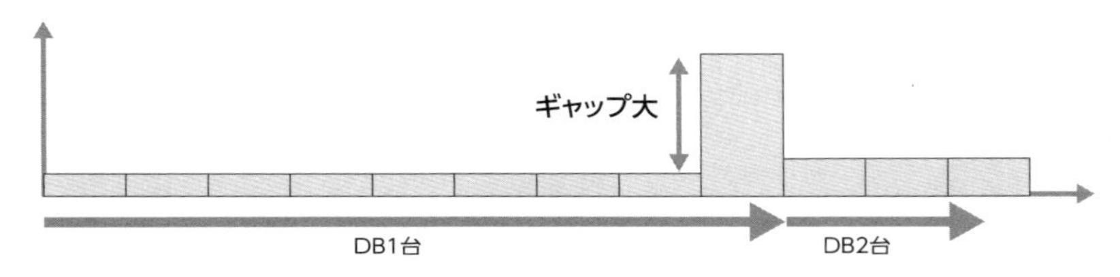

JOINを使わない場合:
突出した出費はないがコンスタントに高くかかる
必要なサーバ数も多い

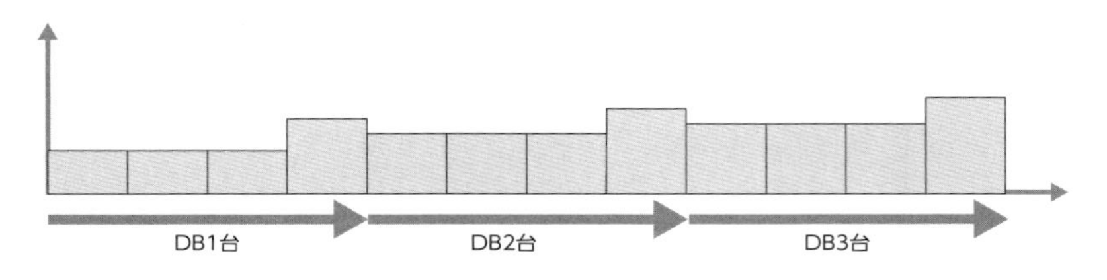

五代　「JOINを使ったほうがサーバは少なく済むんですか？」

生島　「JOINをしようがしまいが、必要なデータは取ってこなきゃいけない。それをJOINして取るとその瞬間は負荷が高くても1発で済むのに対して、分割して取ると低い負荷が何度もかかるので結局トータルではかえって重くなる（DBサーバとは別のキャッシュを使っている場合を除く）」

五代　「JOINしたほうが出費が平均的には低い、というのはサーバ台数が少ないから？」

生島　「プログラムが単純になるので開発・保守工数が低く済むし、もちろん、全般にサーバ負荷も減るから、台数を減らせるという理由もある。JOINを使うほうがDB・Web・APサーバともにスケールアウトを迫られる時期が大幅に遅く（台数は少なく）済むからね。従量制でCPU課金されるようなクラウドを使っている場合、コストの差はもっと顕著にでるね」

五代　「サーバを増やすときのギャップがエライ違いますね？」

生島　「JOINを使っていると、2台以上に増やすときにプログラムの改修が必要になるのでギャップが大きいんですよ。といっても、スケールアウトを予想してJOINを避けるなら、最初からJOINしながらスケールアウトするように設計しておけば回避できます」[注3]

五代　「JOINを使わない場合もサーバを増やすときに少し工数がかかりますか……」

生島　「そこはどうしても、物理サーバでも仮想サーバでも、機材の設置や設定変更、分散範囲の切り分けに多少の作業が発生するからね。プログラムの改修ではないから単純な作業で済むけど」

五代　「ふむ……」

人は知らないことは不安に思うもの

考え込む五代さんに私のほうから聞いてみました。

生島　「もしこれが実際のコスト・パターンだとしたら、経営者の視点ではどちらが望ましいですか？」

五代　「そうですね、お金というのは結局総額でいくらになるかが問題ですから……この**図10-7**で言えば面積が小さいほうが安くつくわけですから、JOINを使うべきやろね……」

生島　「私もそう考えるんですけど、実際にその選択をしようとしたときに何か不安に感じることはありますか？」

五代　「もちろん、ギャップの大きさは気になりますわ。本当にこれで済むのかどうか。実際やってみたらこの5倍かかりましたとか、改修でバグを出して

注3　この件について本書のエピソード12の「マスタ系データをコピーする方法」という項で触れています。

サービスが止まりましたとか、そういう事態が起きへんかという不安は感じますね」
生島 「あ、そうなんですね。実は私は逆で、JOINを使ったときのギャップは最初からそう設計しておくことでこの図の半分とか1/4まで落とせる見込みで考えますし、JOINを使わないほうはプログラムが複雑化しますんで、開発・保守コストがもっと膨らむんじゃないかと、そっちのほうを心配しますね」
五代 「あ、そっちですか。うーん……人間、知らないことは不安に感じるってことですかね、それは。今回JOIN禁止を言ってきた人も、実はSQLをよく知らないからギャップが大きく見えているだけなのかなあ……」
大道 「やっぱりちゃんと勉強しなきゃダメなんですね」

とつぶやいた大道君のほうを見て、五代さんは少し考え込んだあと、言いました。

五代 「JOINを使うほうが、経営的にはメリットがありそうなことはわかりました。ただ、そのメリットを得るためには、ちゃんとSQLがわかる技術責任者を確保しなきゃいけないってことですよね？」
生島 「そうなりますね」
五代 「これはうちの人事戦略に関わる問題ですな……いつも生島さんを頼れるわけじゃないですから、中途で雇うか社内で育てるか、いずれにしても社内の技術力を上げなきゃいけない。それを会社の方針にして、社長レベルからの働きかけで技術への取り組む姿勢を変えていかんといけませんね。ということで……これからもご協力ください！　大道君も、頼むで！」

第3章

アプリケーションとデータベースの役割分担

開発の現場では、データベースがシステムの性能のボトルネックと見なされるケースがよくあります。本章ではその理由と対応策について考えます。さらにNoSQLと比較することで、リレーショナルデータベース（RDB）本来の役割や使い方も整理します。

エピソード11

データベースで集計するほうが低負荷になる

「局所最適」を追求すれば「全体最適」になるとは限らない

今を去ること約40年前、オイルショック後の石油高騰下で燃料節約の気運が高まったときのこと。

小学校の冬休みが近づいたある日、朝のホームルームにて担任の先生から発表があったそうだ。

先生　「みなさんもご存じと思いますが、オイルショックの影響で今石油が手に入りにくくなって値段が上がっています。そこで、燃料節約、省エネが必要だということで、短縮授業をすることになりました。これから冬休みまでの1週間は、授業は午前中だけになります」

当時のこんな話を聞いた大道君は不思議に思った。短縮授業をしたら生徒がみんな家に帰って家で暖房をつけるだろう。バラバラに暖房をつけたら全体ではかえって燃料の消費が増えるんじゃないだろうか……？
学校1つの範囲では省エネ（局所最適）になっても、国や地域のレベルで省エネを考える（全体最適）と逆効果なのでは……？

DBを扱うときにも、局所最適ではあっても全体最適にならない設計をしているケースは非常に多い。

11.1 SQLで集計をすると処理を分散できない？

大道「生島さん、実は最近、協力会社でこういうことを言う人が出てきまして……、直感的にオカシイとは思ったんですけど、本当のところ筋道立てて理屈を説明したらどうなるのか、を確認しておきたいんです」

という大道君の話を聞いてみるとこんな内容でした。

主張1
APサーバは簡単に台数を増やせる（スケールアウトしやすい）が、DBサーバはそれが難しい。そこで負荷のかかる集計処理を分散させたいのだが、SQLで処理をしていては分散できないので、AP側で集計させたほうが良い

生島「集計処理を分散させたい、と言ったんかい？　たとえば超単純化して言えば**リスト11-1**みたいな？」

リスト11-1　集計型・非集計型SQL

```
集計型SQL
SELECT SUM(billing) , MAX(billing), AVG(billing)
FROM order
WHERE order_date ='2017/3/1';

非集計型SQL
SELECT billing
FROM order
WHERE order_date ='2017/3/1';
```

3
アプリケーションとデータベースの役割分担

リスト11-1はorderテーブルのbillingカラムを1日分集計するコードの例です。集計型SQLの場合は合計、最大、平均値の集計をDBで行い、非集計型SQLの場合はbillingカラムの生データをごっそりAPに転送してAP側で集計することになります。

大道　「そうなんですよ」
生島　「こういうコードだったら、集計処理をAP側に持っていく意味はゼロどころかマイナスやで」
大道　「そのへんの理屈をお願いします！」

「まとめて処理する」のは本来SQLの得意分野

本書の第1章ですでに触れた話題ですが、「同じ型のデータをまとめて処理する」のは本来SQLの得意分野で、合計や平均といった単純な集計処理はその最たるものです。それをわざわざAP側に持っていく意味はまったくありません。しかし現実には、前述のように「集計をDBでやるとDBの負荷が高くなる」という誤解をよく耳にしますので、ここで一度整理しておくとしましょう。

まずは**リスト11-1**の非集計型SQLのようなコードを走らせた場合に、DBサーバとAPサーバのどちらでどのような処理が行われるかをまとめたのが**図11-1**です。

図11-1　集計処理の流れ

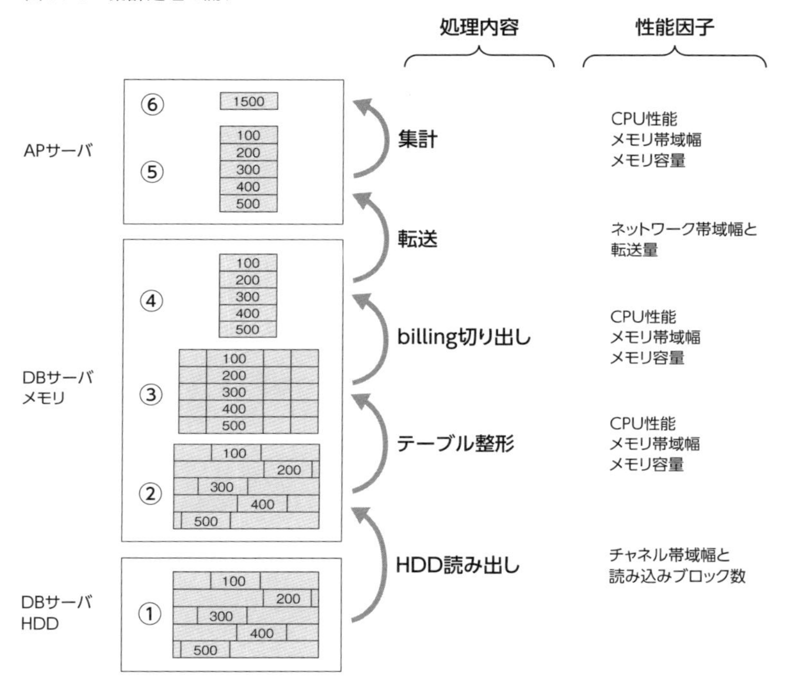

図11-1ではorderテーブルに集計対象のデータが5件、それぞれbillingの値が100から500まで5つあるイメージでとらえてください。すべてを合計すると1500になります。①に示すように、処理開始前、orderテーブルのデータはDBサーバのHDD上にあります。

大道　「なぜ①のbillingカラムの位置をそろえて描いていないんですか？」
生島　「実際にこういう形で保存されているからや」

データベースは通常、縦・横に整然とそろった「テーブル」形式でデータを扱いますが、HDD上の記録領域はテーブル単位で区切られているわけではなく、たとえばMySQL（InnoDB）の場合は、デフォルトでは16KBのデータブロック単位でHDDの読み書きをします。100バイトのレコードを1つだけ読みたい場合でも、16KBをドカンと読んでその中から必要なものだけを残すわけです。HDD上のデータブロックには複数のレコードが書き込まれるため、たとえば

billingのデータは①のようにデータブロック上あちこちに散らばって存在します。集計するためには、それをかき集めなければなりません。

11.2 DBで集計したほうが低負荷になる理由とは

最初に行うのが①→②の部分、HDDからメモリへデータを読み出す処理です。ここはHDD上のデータをブロック単位でそのままドカンとメモリに読み出すだけなので、①と②は同じフォーマットで記載してあります。

次の処理はテーブル整形（②→③）で、HDDから読み出したままの生データ②を、扱いやすいようテーブルの形式③の形に整形します。②のデータを分割したりフォーマット変換をしたりしてメモリ上にテーブルを作るわけです。

このテーブルのうちの必要な部分、今回はbillingカラムの値を切り出し（③→④）、それをAPサーバに転送し（④→⑤）、APサーバ側で集計すると（⑤→⑥）、1500という集計結果が得られます。

大道　「ああ、こういうことなんですね……それじゃ、集計型SQLを使うと⑥まで全部DB側でやって、最後の1500だけをAPに転送するわけですね？」

生島　「そのとおりや。その場合、集計するのとしないのでは、DB側の負荷はどこが増えてどこが減ると思う？」

大道　「集計をDBでやるわけだからそこは増えますよね。でも……転送が必要なデータ量は減るのと、転送のためにbillingカラムだけを切り出す処理は不要になりますよね」

生島　「そのとおり！　すると問題はその損得が差し引きいくらよ？ってこと」

大道　「やっぱりDBで集計したほうが得なんですよね？」

生島　「結論はそうだけど、その根拠がいるんよ」

CPUとHDDの速度差は圧倒的

というわけで次はサーバに使われるおもなインターフェース（I/F）の帯域幅の目安をまとめた**図11-2**を見ましょう。

図11-2　おもなインターフェース（I/F）の帯域幅

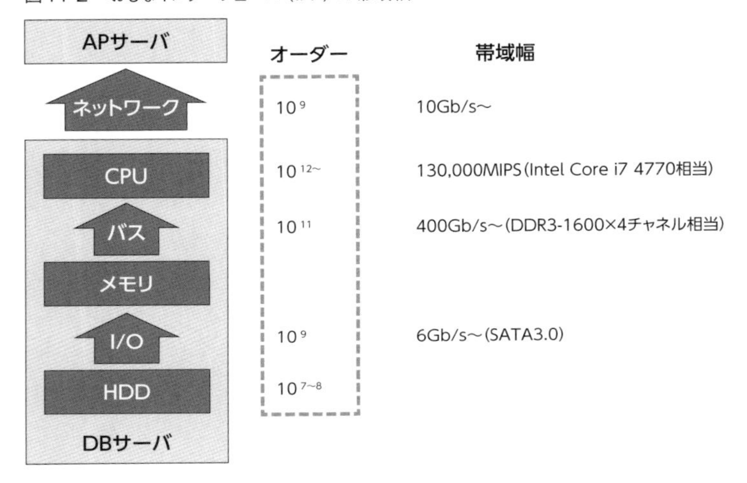

たとえば低価格のPCやサーバのHDD接続によく使われるSATA3.0の規格は6Gb/s（ギガビット毎秒）です。これをバイト単位に換算してざっくりと10のN乗のオーダーを示した数字を「オーダー」の欄に記載しておきました。HDDに使われるインターフェースにはSerial Attached SCSIやFibre Channel、InfiniBandなどもあり、ものによってはSATA3.0の10倍ぐらいにもなりますが、当記事で細かい数字を気にしても意味がないので、だいたいの目安として10の9乗（バイト毎秒）のオーダーと思ってください。

一方、メモリ〜CPU間の転送速度は10の11乗オーダーで、HDDインターフェースとは2桁違います。これはDDR3-1600×4チャネル利用時のレートで、最近のDDR4規格ならその約2倍です。

さらにCPUそのものの演算速度を無理矢理換算すると10の12乗オーダー以上になります。演算速度を帯域幅と呼ぶのも変ですが、ざっくり言ってメモリの転送速度の10倍以上あると思ってかまいません。だからこそCPU内にキャッシュメモリが必要になります。

こうしてみると、CPUとHDDインターフェースではスピードが3桁以上違うわけです。これが、**リスト11-1**のような単純集計をDBで行っても負荷が増えない理由です。

大道　「ああ、それにそもそも、集計の対象データってHDD上では散らばって記録されてるから、よけいに読み出しスピードは遅くなるわけですよね？」
生島　「そのとおり！」

図11-1の①のイメージどおり、orderテーブルにはbilling以外のカラムもあるためHDDのデータブロック上にはbillingのデータはチラホラ散在しているだけです。つまり集計に必要なbillingデータだけをHDDから読み出す速度は10の9乗より2〜3桁以上遅いのが普通です。

さらに言えば、SATA3.0の6Gb/sというのはあくまでも「I/F」の上限性能であって、HDDのディスクそのものという物理媒体からの読み出し速度はこれより遅くなります。とくに不連続領域からの読み出しになると1〜2桁落ちることもあり、CPUとの差がさらに大きくなります。

もっとも、最近はメモリが豊富に使えるようになっているので、通常はバッファヒット率が90%を超えるように設定するため、その都度HDDまで読まずに済む場合が多くなりました。そのためHDDがボトルネックとなる性能問題は起きにくくはなっていますが、基本概念として知っておくに越したことはありません。

データはできるだけ連続領域に保存する

大道　「不連続領域から読み出すと遅くなるということですけど、それについては何か対策できるんですか？」
生島　「そもそもHDDの不連続領域、別名フラグメンテーション（断片化）というのは、どんなときにできると思う？」
大道　「えーっと、ファイルがたくさんあって、そこに少しずつ追記していくような場合……でしょうか。DBはまさにこれに該当しますよね」
生島　「そうなるね。で、問題は『少しずつ追記していく』というところなんだよ。少しずつじゃなくてドカンとまとめてやれば不連続領域は発生しない」

たとえばOracleでは表領域、エクステント、データブロックなどの概念で「ドカンとまとめて」の数値を調整できます。データブロックが最も小さい単位で、1つのデータブロックの中に複数のレコードを格納し、満杯になれば次のデータブロックを確保して新しいレコードを書き込みます。エクステントは複数のデータブロックをまとめた単位で、実際のディスク上の領域確保はエクステント単位で行うため、扱うテーブルの特性に合わせてこれらのパラメータを設定しておけば、大きな断片化は発生しません。このあたりのしくみはDBMS製品によって多少の違いがあります。

「ネットワーク転送」のための余計な処理も増える

　というわけで、システムの各層の帯域幅の違いを考えれば、集計をAP側で行う意味はありません。それでも誤差の範囲ではあってもわずかでもDBのCPU負荷が減るならまだしも、実際には余計な処理も増えてしまいます。

大道　「APサーバへのデータ転送量と、billingの切り出しそのものですか……」

　当然ですが、billingの明細すべてを転送するほうが、集計結果だけを転送するよりデータ量が増えます。仮にデータ件数が100万件でbillingが4バイト整数なら少なくとも4MB必要です。当然1パケットでは送れませんので、何回も通信プロトコルを処理する必要があります。さらに、集計をDB側でやるなら**図11-1**のbilling切り出し（③→④）の処理は本来必要ありません。これにかかるCPU負荷のほうが集計の負荷より高いのは明らかです。一方、もしbilling切り出しをせずにorderテーブルをまるごと転送するとさらにデータ量が増え、しかもネットワーク転送の帯域幅は10の9乗オーダーで、やはりメモリより格段に遅いためここがボトルネックになってしまいます。

それでもAP側に明細を転送する意味があるとしたら？

生島　「というわけで、単純な集計だったらもともとのCPU負荷自体がほとんどないから、DBでやらずにAPに飛ばす意味はないんよ」
大道　「単純でなければ、意味があるんでしょうか？」
生島　「**図11-1**の中で、ここから先はAPに飛ばしたほうがいい、というような重い処理がどこかにあると思う？」
大道　「うーん……HDD読み出しはDB側でしかできないし、処理が重そうなところというと、あとはテーブル整形ですかね……？」

問題はそのテーブル整形時にソートやJOINがからむ場合です。ソート処理はCPUとメモリへの負荷がたいへん重く、データの件数がn倍になると平均的な計算量は$n \times \log_2 n$倍に増えます。したがってインデックスのない項目にORDER BYを付けて大量のデータを取得するときは注意が必要です。

大道　「その場合はSQLにはORDER BYを付けずに③以降をAP側に飛ばしてソートをかけたほうがいいということですか？」
生島　「そういうケースは考えられなくもない。JOINやGROUP BYを使うときも暗黙のうちにソートが走ることがあるから、同じことが言えるよ。ただそれはそれで欠点があって……」
大道　「それって巨大なテーブルを丸ごとネットワーク転送するようなものですよね？」
生島　「それや。だから、損得は微妙なんよ。データ量とサーバのスペックによるから、どっちがいい、と一般論では言われへん。ただ少なくとも言えるのは、集計自体に負荷がかかるわけじゃないってこと。問題は集計のためのデータ整理のほうなんで、そこに触れずに集計の問題のように口にしてる時点でオカシイわな」

11.3 負荷はピークではなく面積で考える

ということで、集計処理のデータが流れるI/Fの速度を考えれば、最初の「主張1」は間違いということはわかるはずなのですが、RDBについてよく知らない人が性能の議論をすると、このような非現実的な誤解をしやすいようです。
そんな「非現実的な誤解」で、もうひとつよくあるのが次の主張です。

主張2
複雑なJOINを使った一発系のSQLで集計処理をするとDBの負荷が高くなるので、JOINを使わず、ぐるぐる系の処理をするほうが良い

第2章（エピソード8）で触れましたが、一発系というのはSQL文を一度投げてすべての処理を行わせるような方法、ぐるぐる系は同じ結果を得るために単純なSQLをデータ件数分繰り返し投げて行う方法です。

図11-3に示すように、同じ結果を得る場合でも一発系とぐるぐる系のSQLでは負荷のパターンが違います。

図11-3　一発系とぐるぐる系のCPU負荷イメージ

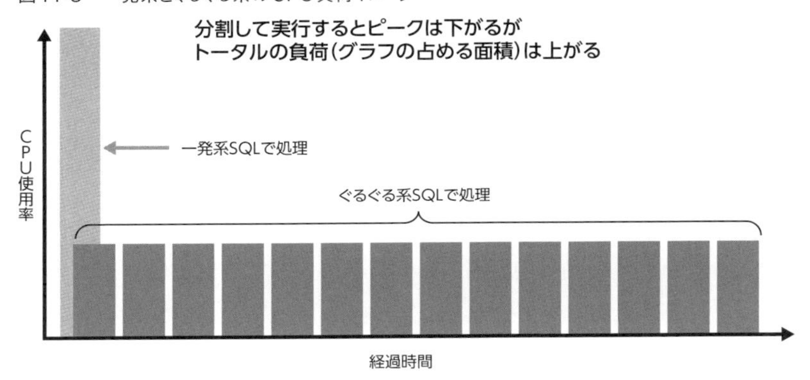

一発系では瞬間的にピークが高くなってもすぐに下がるのに対して、ぐるぐる系では低い負荷が長く続きます。瞬間的なピークが気になるかもしれませんが、**図11-3**で言えば一発系は「瞬間的」なので同じ処理がもう7、8回入ってもまだ余裕があります。一方、ぐるぐる系は長く続くためほかの処理と重なりやすく、同等の処理があと3本並行で走ると負荷が100%に張りついてしまいます。この場合、トータルの負荷は「グラフに占める面積」で考えなければならないので、ピークの低さに惑わされないようにしましょう。メモリやネットワークの負荷についても同じことが言えます。

SQL解析のオーバーヘッドも無視できない

このようなことが起きる理由の1つは、SQL文の実行に要するオーバーヘッドです。

図11-4に示すように、SQL文が実行されるまでの間にDBMSはシンタックスチェック、パースからコンパイルまでのさまざまな処理を行わなければならず、これが非常に重いのです。

図11-4 SQL文の解析に要するオーバーヘッド

シンタックスチェック、パース
↓
テーブル、カラムの存在と権限のチェック
↓
統計情報取得
↓
実行計画作成
↓
コンパイル
↓
実行

（シンタックスチェック、パース～コンパイル：SQL文解析）

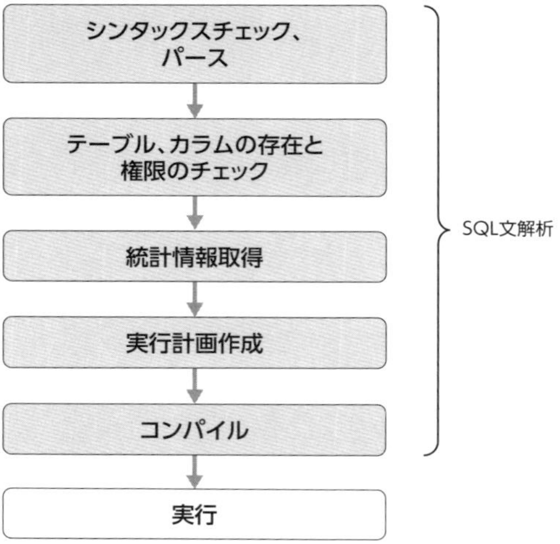

プリペアードステートメントを使うことによりある程度は解消できますが、基本的にはSQL文を投げる回数に応じてかかるので、その分だけ「ぐるぐる系」のほうが一発系よりもトータルの負荷が重くなるわけです。

この点に関係する誤解の1つに、Key Value Store（KVS）系のNoSQLとSQLを比較して「NoSQLのほうが圧倒的に速い」というものがあります。たいていそれらのベンチマークは「ぐるぐる系NoSQLとぐるぐる系SQL」を比較しています。実際にパフォーマンスが問題になる「大量のデータ処理」を行う場合、SQLなら一発系で処理できますがKVS系NoSQLはぐるぐる系しかやれないため、SQLのほうに軍配が上がる場合が多いのです。ただしその分、SQLは一文の実行に要するオーバーヘッドが多いため、単発のクエリ単位ではSQLのほうが負荷が重くなります。要はその特性をふまえて使い分ける必要があります。

11.4 低い階層の動作イメージを持つことが重要

大道 「あ、なるほど……そうですね、わかります！ そうですよね……こういうイメージがわかると、なんなんでしょう、すごく納得感あります！」

生島 「結局、モノが動くにはみんな理屈があるんで、どこがどう動いてどれだけの性能が出せるか、ちゃんと理屈をたどっていけば、ざっくりしたイメージが描けるはずなんよ」

大道　「ざっくりしたイメージというのは、**図11-3**のグラフや**図11-2**のオーダーみたいなところですよね」

生島　「そうそう、ああいうイメージを持っておくと、根本的にオカシイ誤解はしないで済むわけや」

大道　「1つ確認したいんですけど、SQLって本来はファイルの物理構造からデータ項目を切り離して、抽象化したテーブルという概念で集合的に扱えるようにしたもの、ですよね？」

生島　「そのとおり！」

大道　「抽象化してあるから物理構造は忘れていられる。けれど、実際には物理的なしくみで動いているんだから……性能問題を考えるときは、そこまで考えないといけないんですね？」

生島　「そういうこと！　今回データブロックとかI/Fの帯域幅とかの話が出てきたように、OSよりもハードウェアに近い、低い階層が動くイメージを持っておくことが、こういうときには重要なんよ。ざっくりしたものでかまわんけど、それは意識しといてや」

大道　「了解です！」

エピソード12

「スケールアウトしにくいから JOIN禁止」という間違った考え方

メモリ不足ならメモリを増やせばいいけれど……

ある日、祖父母の家に遊びに行った大道君、祖父から1年ぐらい前から使い始めたというPCについて尋ねられました。もともと写真を撮るのが趣味だった祖父が、デジタル化の波に乗って写真を整理し撮影記録を残すために使っているものですが、どうも動きが遅いのが不満だそうです。

祖父　「これを買った電気屋さんからは、遅いならもう1つ上のスペックのPCに買い換えたほうがいいと言われたんだけど、そうしないとダメなのかな？」

と言われてざっと調べてみたところ、案の定メモリ不足だったので、メモリを増やしたうえで、用途に応じて画像を縮小して使うようにするだけで大きく改善できました。

それにしても……大道君はあらためて思いました。

大道 「原因をよく理解して有効な手を打たないと、無駄な対策に大金を使わされてしまうんだなあ。PC程度の話なら10万かそこらだけど、これがデータベースだったら2桁違ってくるよなあ……」

12.1 開発元がギブアップしたシステムの改修依頼

ある日のこと、技術アドバイザーとして関わっている取引先の浪速システムズから、いつものようにヘルプの依頼がやってきました。

大道 「また、性能改善依頼です。もともと他社で開発されたシステムなんですが、開発元がバンザイしてしまって、ウチに持ち込まれた案件なんです」
生島 「そらー、危ない予感でいっぱいやな。元の開発者はもうおらん、設計資料もろくにない、とかいう話とちゃうの？」
大道 「どうしてわかるんですか!?」
生島 「わかるわ！」

この業界ではよくあるパターンとはいえ、予想どおりでも全然うれしくありません。状況を整理するとざっと次のようになりました。

- ECサイトのシステム
- 稼動当初は問題なかったが、データ件数が増えるにつれて遅くなっていった
- 全体的に遅いが、とくに商品一覧や受注一覧などの一覧系の画面が遅い
- DBサーバのチューニングはいろいろとやってみたが、万策尽きた……

生島 「万策尽きた、って具体的に何をやったんや？　DBの設定いじってみた程度じゃないの？」
大道 「物理メモリの増設、バッファプール割り当て増強、CPUもグレードアップした、だそうです」

生島 「それだけか、まあ、ありがちやけど……。SQLに手を入れようとするとアプリケーション側のコード改修が必要になって、話が大ごとになるからそこまでやらないケースが多いんよね」

大道 「あまり期待できないですか、これでは」

生島 「大道君だったら、原因として何を疑う？」

大道 「一覧系の画面が遅いということですから……真っ先に『ぐるぐる系』を疑いますね」

生島 「うん、それが一番怪しい。でもそれが原因なら解決にはSQLの改良、つまりアプリケーションのアルゴリズム変更が必要で、バッファプールをいじっても意味ないんよ」

「ぐるぐる系」というのは第1章（エピソード1）で真っ先に触れた、何重にもSQL文のループをまわすような処理のことを言います。たとえば、customerテーブルにid＝1から100までの全100件のデータがあるとして、「`SELECT * FROM customer WHERE id=?;`」というSQLの「`?`」を1から100まで変えて100回SQL文を発行するのが「ぐるぐる系」SQLです。それに対して、同じ結果を得るのに「`SELECT * FROM customer ORDER BY id;`」として1回のSQLで全データを取得する方式を本書では一発系SQLと呼びます[注1]。

12.2 バッファプールが「ぐるぐる系」に影響しない理由とは？

ここでDBアクセスの性能に関わる要因を少し整理してみましょう。**図12-1**はSELECT系のSQL文をアプリケーションサーバ（AP）からDBサーバ（DB）に投げて結果を得る場面のイメージです。

注1　「ぐるぐる系SQL」と「一発系SQL」については、エピソード8でも詳しく解説しているので参照のこと。

図12-1　DB負荷への影響要素イメージ（1）

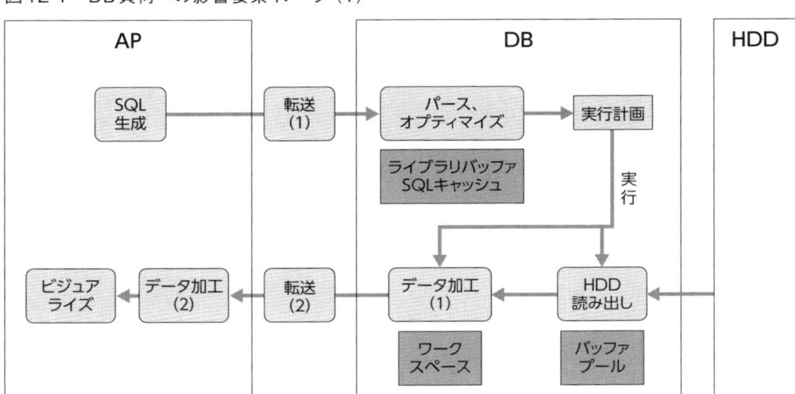

APでSQL文を生成してDBに転送（1）し、DBでパース、オプティマイズをかけて実行計画を生成、そのアルゴリズムに沿ってHDD読み出しとデータ加工（1）を行って結果をAPに転送（2）し、AP側でさらにデータ加工（2）をして画面に表示（ビジュアライズ）するという流れです。

この流れの中でメモリを使うポイントは大きく3つあり、パース、オプティマイズに関わるのがライブラリバッファとSQLキャッシュ、HDD読み出しに関わるのがバッファプール、データ加工（1）に関わるのがワークスペースです。これらの具体的な名前はDB製品によって違い、概念も微妙に違いますので、**図12-1**はイメージを持ってもらうための目安と考えてください。バッファプールというのはMySQLでの用語で、おもな役割はテーブルのデータをキャッシュしてHDD読み出し回数を減らすことです。

次に、「ぐるぐる系」がこれらの流れのどこにどんな影響を与えるかを、大まかに整理したものが**表12-1**です。

表12-1　DB負荷への影響要素イメージ（2）

影響項目	設計ガイドライン	ぐるぐる系の悪影響	使用するメモリ
SQL生成、転送（1）、パース、オプティマイズ	回数を減らす	中～大	ライブラリバッファ、SQLキャッシュ
HDD読み出し	回数を減らす	小～中	バッファプール
データ加工（1）	大規模なソート、JOINを最小限にする	小	ワークスペース
	回数を減らす。コネクションをつないでいる間の待ち時間を減らす	大	ワークスペース
転送（2）	データ量、回数を減らす	中～大	ワークスペース
データ加工（2）	集合操作系の処理を避ける（必要な場合は極力DB側の「データ加工（1）」に移す）	中～大	
ビジュアライズ	なし	なし	

表12-1の「設計ガイドライン」は設計上望ましい方針、「ぐるぐる系の悪影響」はそれに対してぐるぐる系SQLがどの程度の影響を与えるかの目安を小～中～大で示し、さらにその操作で使用するメモリを示しています。

生島　「さて、さっき言った『ぐるぐる系の遅さはバッファプールじゃ解決しない』というのはどういうことか、大道君だったらどう見る？」

大道　「え、そうですね、こういうことでしょうか」

- ぐるぐる系は多くのポイントで悪影響「大」になっている
- しかし、バッファプールを増やして効果があるのはHDD読み出しだけ。ここへのぐるぐる系の影響は「小～中」なので、「大」を放置して「中」以下のところに手をつけてもたいした効果は期待できない

生島　「そういうこっちゃ。じゃあ、HDD読み出しに対するぐるぐる系の悪影響が『中』以下なのはなぜ？」

大道　「それは……」

生島　「バッファプールがどんな動作をするのかを考えればわかるよ」

大道　「……あ、こういうことですか？」

・バッファプールはHDDのデータをブロック単位で一度だけ読みにいってそれをキャッシュしておくことで、2度目以降のHDD読み出しを不要にするためのもの
・ぐるぐる系SQLを使っても、バッファプールが働いていればHDD読み出しは増えない（**図12-2**）

図12-2 バッファプールの動作イメージ

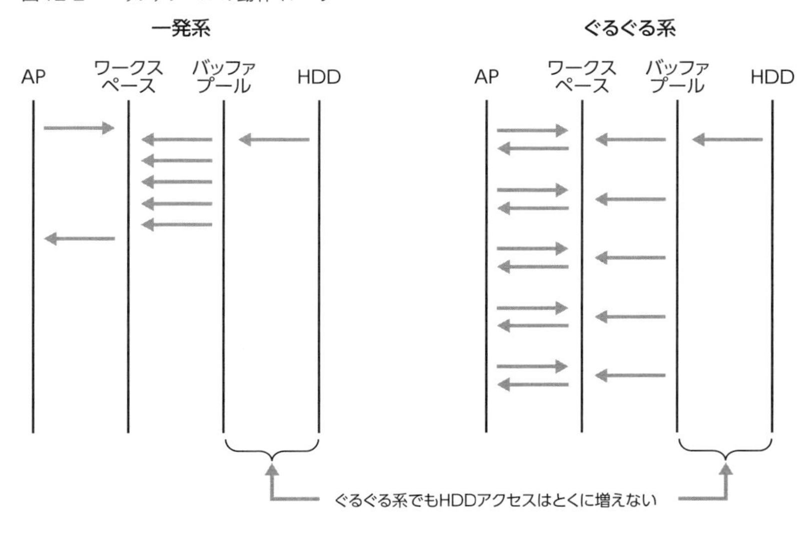

生島 「ビンゴ！　結局、一発系でもぐるぐる系でも、使うデータが同じならHDDを読み出す回数は同じなわけや。バッファプールはHDD読み出しが無駄に多いときに、つまりHDDの同じブロックを何度も読み出しているようなときに、その回数を減らすために役に立つもの。だいたい『ぐるぐる』される先のほとんどはマスタ系のデータで、参照頻度が高いのでずっとキャッシュされていることが多いからね。もともとのバッファプールがよっぽど少ないときを除いて、ぐるぐる系SQLに対しては効果はないんよ」

もっとも、完全に増えないのであれば影響は「なし」なのですが、一発系で複雑な結合条件・抽出条件を使用する場合には、ぐるぐる系で同じ結果を得ようとするとHDD読み出しが増えてしまうことはありえます。そこで、影響度なしではなく「中以下」としましたが、ほかの項目に比べて相対的に小さいことは確かです。

大道　「メモリを増やせば効果がある、ってものじゃあないんですね」
生島　「足りていないなら増やせば効くけど、足りているところに足しても意味はないよね。でも、昔はメモリのチューニングだけで効果が出る場合がよくあったんよ」

DBMSソフトウェアのインストール直後は、メモリの少ないノートPCでも動くような設定になっている場合があり、それを変更せずに使っているケースを10年ぐらい前はよく見かけました。最近ではそこまで極端な例は少なくなりましたが、サーバにメモリを増設したときにDBのパラメータを変えるのを忘れてそれを使えないままだったという例には、先日もある大手企業のプロジェクトで遭遇しています。

そんな場合には、DBパラメータのチューニングだけで効果が出る場合もありえます。しかし、そもそも下手なSQLを使っているのが原因の場合はそちらに手を打つべきです。

生島　「というわけで、実際のところどうなんや？　ぐるぐる系なのか、これ？」
大道　「調べてみます」

と言って大道君は調査に入りましたが、その結果は驚くべきものでした。

12.3 スケールアウトしにくいからJOINを禁止する？

生島　「JOINを全然使ってないやて……？」
大道　「そうなんです。ぐるぐる系ばっかりですね」
生島　「なんやそら。ド素人かいな!!　メモリもCPUも効くわけないやろ」

と嘆いてはみたものの、実際のところこういうケースはときどきあります。会社によってはJOIN操作を禁止している例があるのです。

大道　「JOIN禁止？　ぐるぐるを推奨するんですか？　なぜ……？」
生島　「いちおう理屈が立つと言えなくもない理由のときもあるけど、実のところ非論理的で説得力に欠ける場合がほとんどやね。詳しく聞いてみると要するにJOINするとSQLが複雑になって扱いに困るからやめろ、という感情的な理由が本音だったりする」

大道　「SQLを食わず嫌いになっちゃってるんですかねえ。ほかにも何かありますか？」

生島　「JOINを使っていると負荷分散が必要になったときにスケールアウトしにくいからやらない、という方針をとっていた会社があったね」

大道　「え……それは理にかなっているんですか？」

高負荷に対応する手法にはおおまかにスケールアップとスケールアウトがあります。スケールアップはサーバの性能を上げる方法ですが、高性能なサーバは高価ですし、そもそも無限に速いCPUが手に入るわけでもありません。

スケールアウトはサーバの数を増やす方法で、相互に独立した複数の処理が同時に発生するような用途では、それぞれを別なサーバに分担させるという「安価なマシンの並列動作」により高負荷に対応できます。しかし、そのためには「並列動作させる複数の処理が相互に独立して」いなければなりません。データベースの処理はそれが成り立たないことがあり、スケールアウトさせるうえでボトルネックになりやすいのです。

DBがボトルネックになる理由とは？

生島　「DBがボトルネックになりやすい理由はわかる？」

大道　「複数の処理が相互に独立していないということですか……ああ、つまりトランザクションってそのためにあるんですよね？」

生島　「そう。口座残高や商品在庫、商品マスタみたいな、全ユーザが共通して参照／更新する単一のオブジェクトに更新をかける処理は並列動作できない。だからテーブルやレコードにロックをかける必要がある。この部分はスケールアウトできないわけや」

大道　「それはわかりましたが……だからといってJOIN禁止にするのが合理的な方法なんでしょうか？」

たとえば、ECサイトにログインして注文履歴を参照する処理を素直に考えると、注文履歴が入っている売上明細テーブルと商品マスタテーブルをJOINするのが最も合理的です。この操作は非常に頻繁に発生しますが、これを負荷分散させようとしても、商品マスタは「全ユーザが共通して参照する単一のオブジェクト」ですので分散させられません。すると**図12-3**のようにサーバをまたいでJOINをすることになり、性能低下を招きます。

図12-3　サーバをまたぐJOINは性能低下を招く

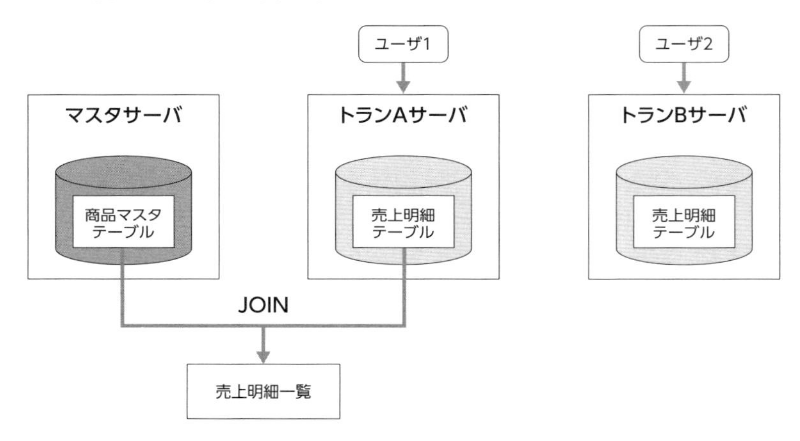

大道　「あ、だからJOIN禁止、と……」

生島　「そういうことやね」

大道　「でも、商品マスタなんてあまり更新されるデータでもないですし……各サーバにコピーを持たせるってわけにはいかないんでしょうか？」

生島　「実はこんな方法があるんや」

12.4　マスタ系データをコピーする方法

図12-4のようにサーバをマスタ（1つ）＋トランザクション系（複数、以下トラン系）に分け、マスタ系のデータはマスタサーバに入れ、そのコピーをトラン系サーバに作ります。

図12-4 マスタ系データをトラン系にコピーして負荷分散

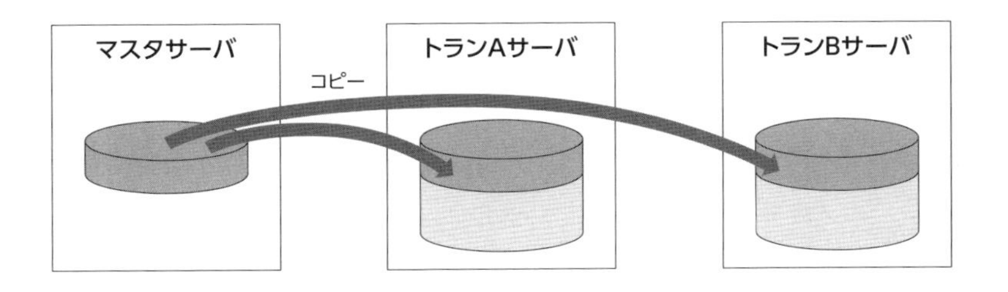

参照の処理はトラン系サーバ内で完結するのでJOIN操作に支障はありません。マスタ系のデータを更新するときは、マスタサーバに更新をかけます。その更新が自動的にほかのトラン系サーバにも反映される、というしかけを作れば全体の一貫性が保たれます。これを実装するためには、DBリンクを使ったマテリアライズドビュー、トリガーでコピー、DBリンクがないMySQLの場合はレプリケーション、などのしくみが使えます。

生島 「ユーザ同士がお互いの売上明細（＝注文情報）を知る必要はないから、トランAとトランBに全然別のトランザクションデータが入っていても問題ない」
大道 「あ、つまりAとBの明細を同期させる必要はない、と……そこは『相互に独立した複数の処理』になるわけですね」
生島 「そう。マスタ系を同期させる負荷はどうしても発生するけど……」
大道 「マスタ系は……データ量も更新頻度も少ないので、たいしたことはない？」
生島 「そのとおり！」
大道 「なるほど……おもしろいです！」

12.5 JOIN禁止はかえって負荷を増やす

JOINには確かに負荷がかかります。COBOL時代にはとくにそうだったので、そのイメージを引きずっている人もいるようです。しかしだからといって、

JOIN禁止というのはあまりにも短絡的な考え方です。本書でこれまで述べてきたように、RDBは集合操作が効率よくできるように特化したシステムであり、JOINはその集合操作の核となる機能です。本質的にJOINが必要なのにRDBにそれをやらせずにAPサーバに移すという「ぐるぐる系」の設計をすると、RDBへのSQL 1回あたりの負荷は減りますが、それ以外の部分で負荷が増えて差し引きかえって有害になる場合が多いですし、開発効率の面でも悪影響を招きます。

　性能というのはシステム全体でトータルに考えるべきもので、どこでどんなボトルネックが発生しているのかを見極めて、適切な手を打たなければなりません。それをきちんと考えているならば、「スケールアウトさせるためにJOIN禁止」などという短絡的な方針は出てこないはずで、もし設計ガイドラインとしてそんな方針を決めているプロジェクトがあるなら、あらためてその意図を精査することをお勧めします。

エピソード13

NoSQLはRDBのサブセット?

適材適所な活用が大事

一見、同じ用途のツールに見えても、使えるシーンがまったく異なることはありませんか？　今回はそんなお話です。

生島「たとえば、お風呂の残り湯を洗濯に使いたいとしよう。水を汲むのに使えそうな道具はバケツとペットボトルの2つある。どっちを使う？」

大道「そりゃあ、バケツですよね。飲料用ペットボトルの空いたのなんか使っていたら、手間がかかってかないません」

生島「じゃあ、近所の公園に遊びに行くとき、家で作った麦茶を持っていくには？」

大道「それならペットボトルですね、当然」

生島「当たり前だけど、適材適所な活用が大事だね！」

13.1 大は小を兼ねる……わけではない

いつものように大道君からの相談ですが、今回はSQLの話ではありませんでした。

大道　「生島さん、最近話題のNoSQLというのはRDBの代わりになるようなものなんでしょうか？」
生島　「なる場合もあるし、ならん場合もある。用途に応じた使い分けが肝心……って話だと当たり前過ぎて答えにならんか〜。何のシステム用のDBの話かな？」
大道　「ECサイトの構築案件なんですけどね、今まではRDBで作っていたわけですけど、どうやっても性能が出ないからNoSQLにしてはどうか？って話が出ているんですよ」
生島　「うーん、そいつは微妙だなあ。今までもよくあったように、単にSQLの使い方を間違えているから性能が出ないだけっていうケースも多いからな。ECサイトでも部分的にNoSQLにしたほうがいい機能がある、ってことはよくある。要件そのものがNoSQLに向いた機能について使うのはいいけど、単に性能だけの理由でNoSQLを選んじゃいかんよ。たとえば、高速道路の料金を管理するシステムと、交通量を把握するシステムがあるとする。この2つのシステム、それぞれRDB向きかNoSQL向きか、どっちだと思う？」
大道　「えっと……すみません、よくわかりません」
生島　「じゃあ、ちょうどいいからRDBとNoSQLの違いをいっぺん整理しておこうか」

両者の違いがわかっていればすぐに答えが出る問題なのですが、大道君もこのへんはまだまだなようです。というわけで話はRDBが生まれた経緯から始まります。

13.2 RDBが登場した理由

生島　「RDBの前に主流だったデータベースはどういうものだったか、知っているかな？」

大道　「階層型データベースでしたっけ？　情報処理技術者試験の勉強で出てきましたけど、使ったことはありません」
生島　「まあ、現代の主流はRDBになっちゃったからねえ」

階層型DBはデータをツリー型の階層構造で保持するもので、CPU／メモリ／ストレージなどの資源が少ないマシンでも高速に動作するため、コンピュータのビジネス応用が始まった初期には適したアーキテクチャでした。1980年代以後はRDBが主流になったため、新しく使われることはほとんどなくなりましたが、銀行の勘定系などではまだ現役です。

大道　「データをツリー型で保持するというイメージがよくわかりませんけれど」
生島　「極論を言えば、会社の各部署がそれぞれExcelでデータを持っているようなもの。総務部の仕事のデータは総務部のExcelで、経理部のデータは経理部のExcelに入っているという構造やね」
大道　「え、じゃあ経理と総務のデータが両方必要になったらどうするんですか？」
生島　「これも例えだけど、経理部経理課のAファイルのBシートのデータと、総務部総務課のCファイルのDシートのデータを取得する、という感じで、アプリケーションのほうでデータの位置を階層構造の頭から指定してデータを取ってきて突き合せるわけだ」
大道　「RDBのテーブル操作に比べると面倒くさそうですね」

実際、データを階層的に持つ階層型DBは、データの検索や加工操作の柔軟性に乏しい欠点があります。「経理業務のみ」「給与計算業務のみ」のように個別の業務単位でシステムを作っていた時代はそれでも良かったのですが、ITの応用範囲が広がり、組織横断的なシステム開発が必要になると、その柔軟性の乏しさが問題になってきます。そこで登場したのがRDBで、階層構造を廃してデータをすべて「テーブル」という2次元の表で持ち、自由に検索・結合操作ができるようになりました。

生島　「ところで、データベースの重要な機能の1つにACID特性というのがあるのを覚えているかな？」
大道　「原子性、一貫性、分離性、永続性……でしたっけ？」

生島　「そのとおり。この特性がないと、どんな困ったことが起きる？」
大道　「たとえば、銀行振込のような処理をするときに、勘定が合わなくなるという話でしたよね？」
生島　「そう、そこで**図13-1**を見てほしいんだが、ACID特性のような要件はおもに企業の事務処理という、データの整合性が不可欠なシステムで必要なものなんだよ」

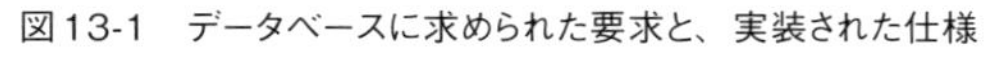
図13-1　データベースに求められた要求と、実装された仕様

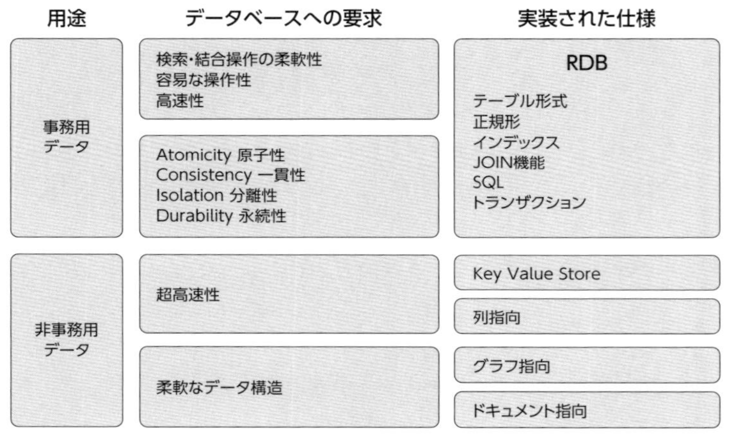

本書では詳しく書きませんが、ACID特性はトランザクション制御システムに求められる要件であり、現代のRDBもほとんどがトランザクション機能を持っているため、ACID特性を何らかの形で実装しています。

大道　「振込も事務処理の一種ですよね。確かにデータの整合性は不可欠ですね。指示したはずの振込が飛ばされたり、1円でも狂っていたりしたら、大問題になるっていうことですね」
生島　「そういうこと。だからACID特性を持ったトランザクション制御機能が必要になる」

このほかにRDBへの要求としてあったのが、階層型DBよりも柔軟にデータの検索や結合が可能なこと、事務員でも容易に操作できること、そのうえでできるだけ高速であることでした。これらの要求を実現するために、RDBには「テーブル形式データ構造」「インデックス」「問合せ言語（SQL）」「トランザクション」などの機能が実装されました。正規形は機能というよりは設計原則ですが、これらの仕様がセットになってACID特性を初めとする「事務処理用データベースに求められた要求」を実現したわけです。

13.3 NoSQLが登場した理由

生島　「つまり、階層構造をやめてデータをフラットなテーブルに一本化すればテーブル名だけで検索できる。誰でも簡単に操作できる簡単な問合せ言語としてSQLを作り、業務のニーズに合わせてデータを自由に結合できるJOIN機能を持たせ、高速化するためにインデックスを作り、さらにトランザクション機能を持たせれば事務処理に適したDBMSになるわけだ」
大道　「つまりそれがRDBというわけですか？」
生島　「そういうこと！　ところが、これらすべての要求、とくにACIDのようなものを全部満たそうとするとシステムは重くなるんだな」
大道　「でも……ACIDはデータの整合性を保つために不可欠なんですよね？整合性が必要ない業務ってあるんですか？」
生島　「それがあるんだよ。たとえば、Googleで検索するときって、完全に正確に漏れなく検索できることを期待しているかな？」
大道　「あっ、そうか……」

ITシステムはもともと事務処理用の分野で応用が進みました。この分野ではデータの整合性は至上命題ですが、現在はその制約を持たない分野のシステムが増えています。検索エンジン、高速道路の交通量把握システムはその例であり、ECサイトでのレコメンデーションエンジンや、BI（ビジネス・インテリジェンス）分析ツールなどもそれに該当します。1円単位の正確な答えを1時間かけて出しても意味がない、ざっくりした結果でいいから0.1秒で出してほしい、という業務も存在するわけです。

生島　「事務処理用DBなら整合性が至上命題だったからそれを外すわけにはいかなかったけれど、それが必要ないなら全然別なアーキテクチャのDBを作れる、ということで登場してきたのがNoSQLと言われるDBMSなんだよね」

13.4 RDBとNoSQLの使い分け

NoSQLは大まかにKVS（Key Value Store）型、列指向型、グラフ指向型、ドキュメント指向型の4種類に分けられます。超高速性を追求したのがKVSと列指向、テーブルを基本とするRDBに対して別な種類の柔軟なデータ構造を追求したのがグラフ指向とドキュメント指向です。RDBが備えている、事務処理用DBに必要な要件の一部を切り捨てている、という意味ではNoSQLはRDBのサブセットと言えます。一方でRDBには向いていない要件をNoSQLなら実現できるわけです。

大道　「ああ、なるほど……だからRDBとNoSQLはそもそも向いている分野が違うんですね。じゃあ単にRDBじゃ遅いからという理由でNoSQLにしようというのは間違っていると……」
生島　「そう。本来NoSQLで作るべきものを無理にRDBで作っていたのなら、それはぜひともNoSQLにするべきだけれど、SQLで作るべきものを無理にNoSQL化するのはあとあと禍根を残すだけだから非常にまずいよ。きちんと精査しなければいけないね」

階層型DBとRDBはどちらも事務処理用DBでしたので用途の差が少なかったため、柔軟性の高いRDBでほぼ完全に代替されてしまいました。しかし、NoSQLはそもそも事務処理用には向いていないので完全に代替されることは考えにくく、棲み分けが進んでいくことでしょう。

大道　「じゃあ、今回のECサイトの案件は、基本は今までどおりRDBをベースにして、一部機能だけをNoSQL化するのが向いていると思います」
生島　「その一部機能というのは？」
大道　「検索履歴をもとにしたレコメンデーション機能なんです」
生島　「ああ、なるほど。それならNoSQLのほうがいいね」

ECサイト本体はいわゆるミッションクリティカル、整合性が不可欠な用途なのでRDBが基本です。そこでレコメンデーション機能もRDBで実装しようとする例が多いのですが、大量のデータ解析と順位づけを必要とするその種の機能は、実のところNoSQLのほうが向いています。重要なのはそのように適材適所で使うことなのです。

間違ったデータベース設計とそれを修正するアイデア

SQLやデータベースにはセキュリティやメンテナンス上の理由から好ましくないとされている使い方（アンチパターン）がいくつかあります。本章ではその一部を紹介します。また、開発や運用の現場でそんなアンチパターンを見かけた場合のために、修正方法のアイデアを示します。

エピソード14

インジェクション対策のためにもSQL動的組み立ては避けよう

危険に気をつけるか、危険そのものをなくしてしまうか

寒い季節になると暖房が必要ですが、暖房器具として手軽に使える石油ストーブや電気ストーブは火事の原因になりやすいことでも知られています。非常によくあるのが、ストーブの周りにあった可燃物が何かのはずみで高温部に接近・接触してしまって火事になるケース。炎の出ない電気ストーブのほうが、可燃物への注意がおろそかになる分かえって出火原因になりやすい傾向さえあるようです。

生島　「そういう背景をふまえて、暖房が原因での火事を防ぐ方法を考えるとおおまかに2つある。1つはストーブの近くから可燃物を徹底的に排除することだけれど、もう1つは？」

大道　「さすがにエアコンとかオイルヒーターでは火事にはならないですよね……。あ、つまり、可燃物がひっかかっても、出火するような高温

部が露出していない器具を使えばいいのかな？」
生島　「そうそう、可燃物に火がつく温度を発火点というんだけど、さすがに200度以下で発火するものは身の回りにはまず存在しないから、そんな高温部がないエアコンやオイルヒーターなら安全だね。つまり『危険』への対策というのは、危険性を理解して気をつけて使うか、危険そのものをなくしてしまうかの2種類あるんだよね」

14.1 任意条件の検索機能を作りたい

今回は取引先の浪速システムズが開発していて、私が技術アドバイザーとして関わっているお料理レシピ投稿サイトの「レシピ検索機能」に関するお話です。

生島　「レシピ投稿サイトやったら、そりゃ検索機能はいるわな」
大道　「そうなんです。それもいろいろな条件で検索できなきゃいけないんです」

ということで**図14-1**を見てみましょう。

図14-1　レシピ検索機能の可変条件検索

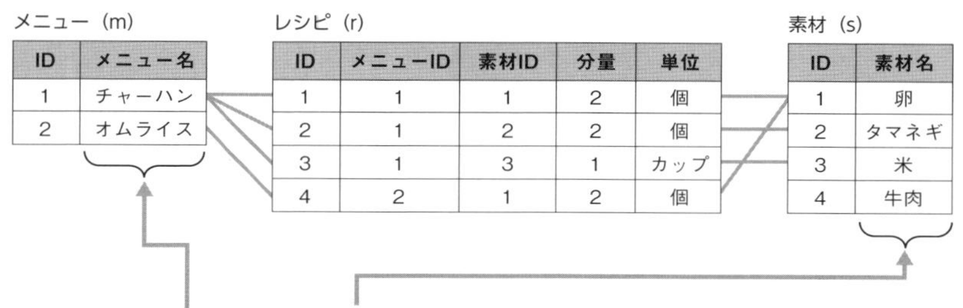
メニュー（m）

ID	メニュー名
1	チャーハン
2	オムライス

レシピ（r）

ID	メニューID	素材ID	分量	単位
1	1	1	2	個
2	1	2	2	個
3	1	3	1	カップ
4	2	1	2	個

素材（s）

ID	素材名
1	卵
2	タマネギ
3	米
4	牛肉

メニュー名、または素材名の片方または両方で検索できるようにする（どちらか片方は必ず指定される）

検索画面で指定されたメニュー名がp_menu、素材名がp_sozaiに格納されているとすると、SQLのWHERE句は

メニュー名のみ	`WHERE m.メニュー名 = p_menu`
素材名のみ	`WHERE s.素材名 = p_sozai`
両方	`WHERE m.メニュー名 = p_menu AND s.素材名 = p_sozai`

メニューと素材の関係は多対多になりますので、間に中間テーブル「レシピ」を置いて多対多関係を実装します。このデータを検索するには、「チャーハンを作りたい」というときはメニューで検索するでしょうし、「牛肉が残っているから何か牛肉を使った料理をしよう」というときは素材から検索するでしょう。「カニを使ったチャーハン」のように両方の場合もあります。

なお、実際の料理メニューは「トマトのさっぱり冷製パスタ」のようにキャッチコピー的なものが多いですし、「炒飯／チャーハン」「牛肉／ビーフ」「卵焼き／たまごやき」のように同義語や表記のゆらぎへの対応もメニューと素材の双方で実用的には必要になりますが、今回のテーマには関わらないのでそのへんの話は省略します。

生島　「で、何か気になることが？」
大道　「はい、メニューと素材の片方または両方が指定されるとすると、使うSQLのWHERE句が**図14-1**にあるように3種類になりますよね」
生島　「そやね」
大道　「でも実際には、検索条件ってほかにもいろいろ必要になるわけです。中華風・和食風というスタイルで選んだり、減塩食・低タンパク食といった栄養条件で選んだり、朝食・ディナー・パーティ・お弁当みたいなシーン指定も出てきたりします」
生島　「なるほど」
大道　「そうすると検索条件がどんどん複雑になってきて、WHERE句が「**ナントカ AND ナントカ AND ……**」の連続になります。で、そういう複雑なSQL文を組み立てるためのちょっとしたトリックを考えてみたんですが、これ、大丈夫でしょうか？」

と言って大道君が見せてくれたのが**リスト14-1**でした。

リスト14-1　レシピ検索機能（動的SQL組み立て版）

```
CREATE PROCEDURE pr_recipe(
  p_menu TEXT        -- メニュー(任意条件)  } どちらか片方は必須
  , p_sozai TEXT     -- 素材(任意条件)      }
)
BEGIN
  SET @sql =
    'SELECT
```

```
      m.ID, m.メニュー名, s.素材名, r.分量, r.単位
    FROM メニュー m
      INNER JOIN レシピ r
        ON m.ID = r.メニューID
      INNER JOIN 素材 s
        ON r.素材ID = s.ID
    WHERE
      1 = 1 '; ←――― ANDを決め打ちで入れられるようにするトリック

  IF NOT p_menu IS NULL THEN
    SET @sql = CONCAT(@sql, ' AND m.メニュー名 = ''', p_menu , '''');
  END IF;
  IF NOT p_sozai IS NULL THEN
    SET @sql = CONCAT(@sql, ' AND s.素材名 = ''', p_sozai , '''');
  END IF;

  PREPARE stmt1 FROM @sql; ←――― 実行計画の作成
  EXECUTE stmt1; ←――― 実行
  DEALLOCATE PREPARE stmt1;
END
```


生島　「ああ、なるほど、これはトリックやね～」

「WHERE 1 = 1」という行が目につきますが、必ず真になるこの句を入れておくことで、その後の連結文をすべて「AND カラム名 = 値」というパターンに統一できます。この方式なら、検索条件が増えても単純にその分IF～END IFのブロックを増やしていけばいいだけです。

生島　「『1 = 1』というのは良い手で、私もよく使うよ。これはこれで検索機能としては問題ない。ただし……そのあとの、IFブロックでSQL文を動的に組み立ててる部分はSQLインジェクション対策の観点からは推奨できないんよね」

14.2 SQLの動的組み立ては SQLインジェクションに弱い

大道　「SQLインジェクションというのは、この**図14-2**みたいなものですよね？」

図14-2　SQLインジェクションのしくみ

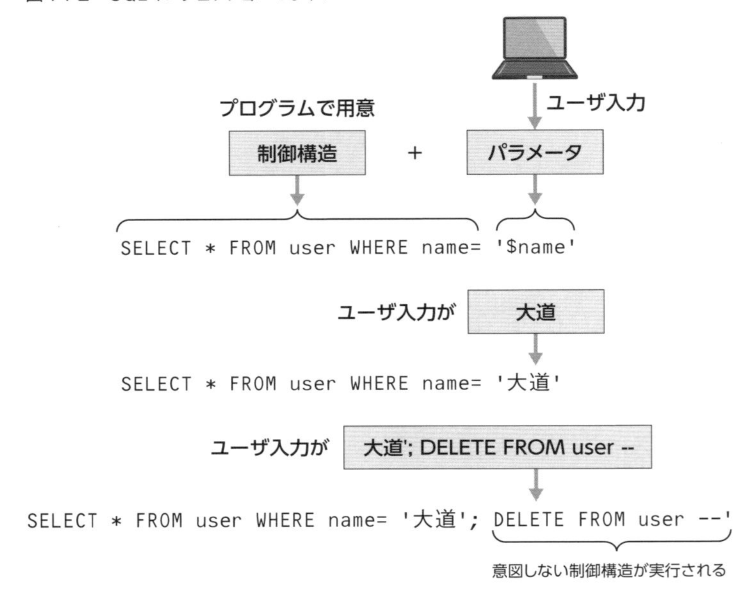

有名なSQLインジェクション脆弱性の一番基本的なしくみを示したのが**図14-2**です。SQL文は一般に制御構造部分とパラメータ部分に分解されます。ユーザ入力が使われるのは、本来はパラメータ部分です。

図14-2のようにuserテーブルを検索するSQL文でパラメータ部分であるnameへの入力が「**大道**」という普通の文字列だと正常に動作しますが、「**大道';** DELETE FROM user --」のようにSQLの制御構造を含む巧妙な入力をされると、プログラマが意図しない処理が実行されてしまい、システム破壊や情報漏えいの被害を起こしてしまいます。

生島　「基本はそうやね。その対策をしないといけない」
大道　「それは入力をエスケープすればいいんじゃ……」
生島　「残念ながらそれはあまり確実な対策にはならないので、ほかに手段がないときに限って使うべき、とされてるんよ（以下の引用文を参照）。まあ、古いシステムで脆弱性が発見されて、基本設計を変更せずに穴を塞がなきゃいけないようなときには使ってもいいけど、そうでなかったら頼るなってことやね」

Defense Option 4: Escaping All User-Supplied Input
This technique should only be used as a last resort, when none of the above are feasible.

（防御オプション4：ユーザが入力したすべての入力をエスケープ処理する
このテクニックは、上記のどれもが実行できないときに、最後の手段として使われるべきです。）

※ OWASP（The Open Web Application Security Project）作成の「SQL Injection Prevention Cheat Sheet」[注1]より引用。日本語訳は編集部にて補足。

大道　「そうだったんですか……」
生島　「代わりにどうするかというと、SQL文の動的な組み立てを避けるのが大原則で、そのためにパラメータクエリやストアドプロシージャを使うことが推奨されてるんよ」

図14-3にその意味あいをまとめておきました。

図14-3　SQL文の動的組み立てを避ける

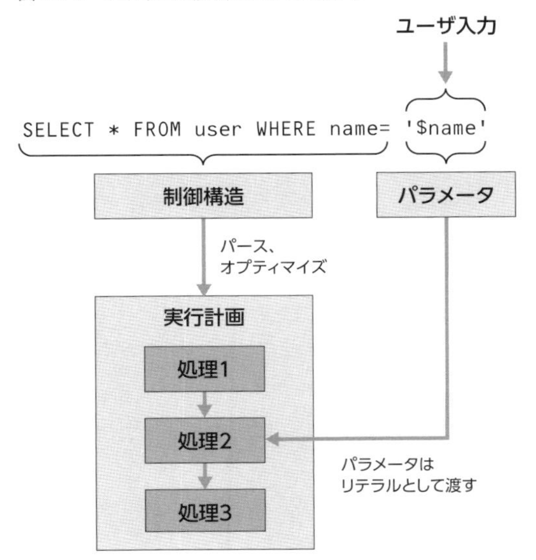

注1　https://github.com/OWASP/CheatSheetSeries/blob/master/cheatsheets/SQL_Injection_Prevention_Cheat_Sheet.md

思いっきり単純化して言うと、1つのSQL文は制御構造とパラメータに分解できるので、ユーザ入力を含まない制御構造部分だけでパース、オプティマイズをかけて実行計画を作り、その実行段階でパラメータを取り込んで実行する、という流れにできれば、ユーザがパラメータに制御構造をインジェクションしてきてもそれは単なる文字列（リテラル）として扱われるだけで、実行計画にはなんの影響も与えません。

大道　「パースというのは……」
生島　「パースは構文解析と言って、SQL文の構造を予約語、演算子、識別子やリテラルに分解して読み取り、文法的に正しいかどうかをチェックすること。オプティマイズはそれを実行計画に変換すること」
大道　「ええと……あ、そうか、ユーザの入力をどんどん結合して1つのSQL文にしてしまうと、それを全体としてパースすることになるから、本来はパラメータでしかない部分を制御構造と誤認してしまうリスクが残る……ってことですか？」
生島　「そのとおり！」
大道　「ユーザの入力はあくまでパラメータであって、ここには制御構造は入っていないよ、とわかるように区別して扱ってやれば、SQLインジェクションは起きようがない……」
生島　「そのとおり！」
大道　「それを実現する方法がパラメータクエリやストアドプロシージャなんですね」
生島　「そのとおり！　ストアドプロシージャは基本的にパラメータを分けて渡すから、インジェクション対策として有効なんよ」
大道　「なるほど……」
生島　「ところが、せっかくストアドプロシージャにしても、**リスト14-1**みたいにその中でパラメータを含めてSQL文の動的組み立てをやっていると元の木阿弥。同じ問題が起きるから、SQL文の動的組み立てはしないほうがいい、というのが大原則なんよ」
大道　「……わかりました。動的組み立てをしないように、もう少し考えてみます」

IFNULL関数は便利だがインデックスに注意

その後、大道君が考えてきたのが**リスト14-2**でした。

リスト14-2　レシピ検索機能（固定SQL、IFNULL版）

```
SELECT
  m.ID, m.メニュー名, s.素材名, r.分量, r.単位
FROM メニュー m
  INNER JOIN レシピ r
    ON m.ID = r.メニューID
  INNER JOIN 素材 s
    ON r.素材ID = s.ID
WHERE
  m.メニュー名 = IFNULL(p_menu, m.メニュー名)
  AND s.素材名 = IFNULL(p_sozai, s.素材名);
```

p_menuまたはp_sozaiがNULLでないときだけ検索条件として働く

IFNULL関数[注2]を使うことで、p_menuまたはp_sozaiがNULLでないときだけ検索条件として有効になります。NULLの場合は「`m.メニュー名 = m.メニュー名`」のように常に真の式になるため、条件を省略したのと同じです。

生島　「うん、こういうやり方もあるね。これはこの種の任意の検索条件のコードを簡略化できるパターンの1つだから、覚えておくとええよ。ただし……ちょっと実行計画を見てみ？」

大道　「実行計画、と……あれ？　インデックスが使われていない？」

MySQLではこの書式でWHERE句を書くと検索にインデックスが使われません。Oracleの最新バージョンではNVL関数、COALESCE関数ともにインデックスが有効になりますが、古いバージョンではNVLでのみ有効になるもの、NVL、COALESCEともに無効になるものもあり、バージョンごとに違います。そんな細かな違いがパフォーマンスに影響してくるため注意が必要です。

さらにもう1つ、「`m.メニュー名 = m.メニュー名`」という式が「常に真になる」のは値がNOT NULLの場合だけです。したがって、この方法はNOT NULL制約のあるカラムにしか使えません。

注2　IFNULL関数はMySQL限定。OracleではNVL、SQLServerではISNULLに該当。類似のSQL標準関数にCOALESCEがある。

14.3 パラメータクエリでインジェクション回避

SQLインジェクション対策の有力な方法の1つにパラメータクエリがあります。パラメータクエリの基本パターンは**リスト14-3**で、ユーザ入力が入るパラメータ部分はプレースホルダ「?」を代わりに置いてSQL文を組んでプリペアドステートメントを作り、実行時にパラメータの値を指定してやる方法です。

リスト14-3　パラメータクエリでインジェクション回避

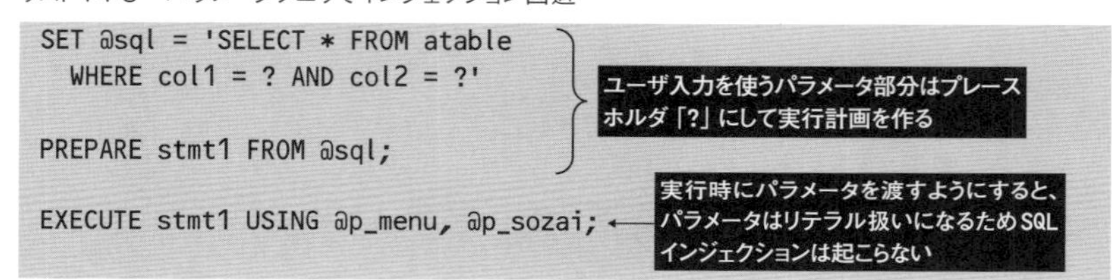

ただし、任意の検索条件に対応しようとすると少し面倒です。**リスト14-4**がその例です。

リスト14-4　レシピ検索機能（動的SQL組み立て、パラメータ版）

```
SET @sql =
  'SELECT
    m.ID, m.メニュー名, s.素材名, r.分量, r.単位
  FROM メニュー m
    INNER JOIN レシピ r ON m.ID = r.メニューID
    INNER JOIN 素材  s  ON r.素材ID = s.ID
  WHERE
    1 = 1 ';

SET @comb_para = 0;
SET @p_menu = p_menu;
SET @p_sozai = p_sozai;

IF NOT p_menu IS NULL THEN
  SET @sql = CONCAT(@sql, ' AND m.メニュー名 = ?');
  SET @comb_para = @comb_para + b'01';
END IF;
IF NOT p_sozai IS NULL THEN
  SET @sql = CONCAT(@sql, ' AND s.素材名 = ?');
  SET @comb_para = @comb_para + b'10';
END IF;
```

ユーザ入力部分を含めなければ、動的組み立てをしてもSQLインジェクション問題は発生しない

ユーザ入力部分はプレースホルダ「?」にしておく

必要なパラメータをあとで判定するためのビット値をセット

```
PREPARE stmt1 FROM @sql;

CASE @comb_para
  WHEN b'01' THEN EXECUTE stmt1 USING @p_menu;
  WHEN b'10' THEN EXECUTE stmt1 USING @p_sozai;
  WHEN b'11' THEN EXECUTE stmt1 USING @p_menu, @p_sozai;
END CASE;

DEALLOCATE PREPARE stmt1;
```

@comp_paraのビット値で、パラメータの個数を判断して呼び分ける

WHERE句を可変にするためにSQL文の動的組み立てを行っていますが、ここではユーザ入力部分はプレースホルダにしているため、インジェクションは起こりません。ただし、実行時に必要なパラメータを判定する必要があるため、指定されたパラメータを表すビット値をセットしておきます。

実行時にはそのビット値に応じてEXCUTE文のあとにパラメータを必要なだけ指定してやるわけです。

大道　「これは……想像もしませんでした」
生島　「こんな方法もあるといえばある。これならIFNULLやCOALESCEも使っていないから、インデックスも効くよ」
大道　「ありがとうございます。でもこれ、結構複雑ですね。パラメータの種類が増えたらその分、組み合わせも2のn乗で増えていきますよね……？」
生島　「実を言うとそうなんよ」

今回の例は簡略化してあるので2種類のパラメータのあり・なしの組み合わせで4通り、そこから「なし・なし」を除いて3通りで済みましたが、実際にはそれではまったく足りないケースのほうが多いでしょう。

大道　「パラメータ4種で15パターン？　5種だと31パターン……。うーん……あんまりやりたくないなあ……」

業務によっては10種類以上もの検索項目が必要なケースも日常的にあります。そうなると2の10乗＝1024通り……そこまでいかなくても、この方式が使えるのはせいぜい4、5種類まででしょう。

ですが、実のところこのやり方はまだマシなほうで、私は5種類以上のパラ

メータについてIF〜ELSEの数百行にもおよぶ膨大なネスト構造でこの切り替えをしている、一目見ただけでアタマが痛くなるようなコードをよく見かけます。IF〜ELSEで同じロジックを書くよりはこのビット演算のほうがよほど簡単なので、その場合は参考になるでしょう。

MySQLなら固定SQL毎回パース方式を使おう

大道　「もう少し何か良い方法ありませんか？」

生島　「そう思った君のための最終兵器がこれ、固定SQL毎回パース方式だ！」

リスト14-5がそのコードです。

リスト14-5　レシピ検索機能（固定SQL毎回パース方式）

```
SELECT
  m.ID, m.メニュー名, s.素材名, r.分量, r.単位
FROM メニュー m
  INNER JOIN レシピ r
    ON m.ID = r.メニューID
  INNER JOIN 素材 s
    ON r.素材 = s.ID
WHERE
  (m.メニュー名 = p_menu OR p_menu IS NULL)
  AND (s.素材名 = p_sozai OR p_sozai IS NULL);
```

「A = p OR p IS NULL」というコードは、pがNULLのときは「p IS NULL」が真になるため、ORの左辺は評価されず全体が真となり、pがNOT NULLのときは「p IS NULL」は偽のため「A = p」が評価されます。こんなふうにWHERE句を書くとあら不思議、パラメータが増えてもその都度同じパターンでANDをつないでいくだけで、固定SQLであるにもかかわらず検索条件可変のSELECT文がすっきりシンプルに書けてしまうわけです。この方法ならインデックスも効きます。

大道　「えーっ……へえー!!」

この方法はMySQLで使うのに向いています。というのは、MySQLのストアドプロシージャはプリコンパイルされないため毎回パース処理が行われ、指定したパラメータに応じて最適の実行計画が作りなおされるからです。Oracleで

は同一パターンのSQL文を何度も呼び出した場合には、最初にデフォルトのパラメータ値で実行計画が作られ、以後はパラメータが変わっても同じ実行計画が使い回されるため、実際に指定したパラメータと合わない、つまり性能が出ないことがあります。

大道　「そうなんですか」
生島　「Oracleでその現象を避けるしくみもないわけじゃないけど、マニアック過ぎるからあんまりお勧めしない。Oracleのときは**リスト14-4**のビット切り替え方式を使うといいよ」
大道　「……はい。じゃ、今回はMySQLなので、この固定SQL毎回パース方式でいきます！　こんなに簡単にできるなんて、ちょっと感動しました！」

エピソード4で扱ったCASE式とともに、この固定SQL毎回パース方式も、手続き型言語のIFやSWITCHで書く複雑なロジックを単純化するために使えることがよくあります。SQLインジェクション対策としての意味も大きいので、動的SQL組み立てを避けることもできるこの方式をぜひ使ってみてください。

エピソード 15

Entity-Attribute-Value手法はやめよう

何にでも使える便利な道具が安易な発想を助長する

キャンプをやってみたい！ということで、生島氏とキャンプ用具を買いに来た大道君。ふと十徳ナイフが目に留まりました。

大道 「お、こういうの便利そうですね？　買っておいたほうがいいですか？」

とキャンパー歴の長い生島氏に聞いてみると

生島 「ああ、買いたくなるよね。でも、20機能？　そんな、なんでもありまっせ～なもの買っても案外使わないよ。10機能ぐらいで十分。何かあったときのために、と思って念のために多いのを買いたくなるんだけどね。本当によく使うツールだと、そういう十徳ナイフのじゃ使いにくいから、結局専用のツールを持っていくことになっちゃうんだよ」
大道　「そういうものなんですか？」
生島　「逆に、20機能もあればたいてい間に合うだろう、なんて甘く考えて、本当に何が必要かを真剣に考えなくなる奴もいたしね」
大道　「あ、それは……まるでDBの話みたいだ！」

何にでも使える項目を便利づかいしているうちに収集がつかなくなりがちなEntity-Attribute-Value手法、御社のシステムでも問題を起こしていませんか？

15.1 使い物になる技術知見の広め方

技術アドバイザーとして関わっている取引先の浪速システムズから、今回もいつものようにやってきたヘルプ依頼のお話しです。

大道　「今回はまだ性能問題にはなってないんですが……」

と、浪速システムズの大道君。何度か私とのチームで性能トラブルを解決してきた成果か、このところRDBの話になると、彼のところに相談が持ち込まれつつあるようです。以前はその都度私が細かく回答していましたが、最近では大まかなところを伝えれば、あとは彼だけで処理できることが増えてきました。

生島　「まだ問題が起きていないのに、ご相談ってのは珍しいな」
大道　「下手な基本設計で作ってしまって設計からやりなおすよりは、早めに相談してくれと言っておいたからだと思います」

と、大道君はそう言いますが、それだけでもなさそうです。彼はここ数ヵ月、私が伝えた技術エッセンスに当てはまる身近な実例をおもに社内から見つけて技術レポート化し、業務の合間に社内の有志で短時間の勉強会を開いてシェアするという活動をずっと続けていました（**図15-1**）。

図15-1 使い物になる技術知見の広め方

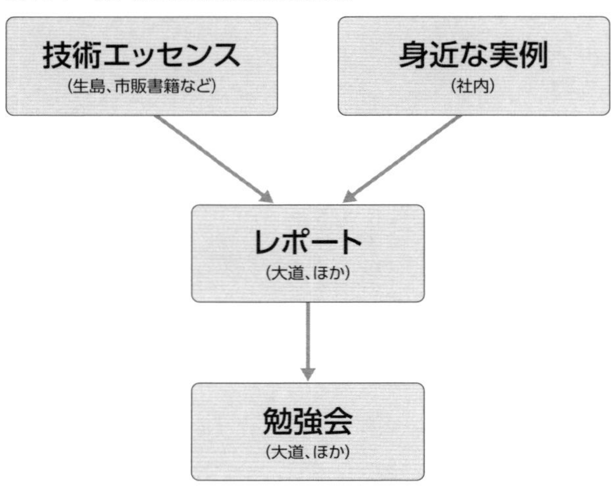

やはり「論理的に正しいセオリー」も「自社の○○さんが遭遇したトラブル」にからめて説明されると真剣にならざるを得ないようです。人に教えるようになると自分が一番よく理解できるので、この過程で大道君自身の技術力も向上したし、それが社内にも認知されたので早めに相談されるようになったのでしょう。まことに喜ばしいことです。ただし、自分の間違いを認めたくない上司が多い会社ではこうした活動はうまくいかないと思います。

15.2 根強く使われているEAVアンチパターン

生島 「それで、どんな話やの？」
大道 「こういう設計をしても良いかどうか、だそうです」

ある会社の製品についての障害（incident）管理DBを作ろうとしたところ、**図15-2**のように製品カテゴリによって記録すべき項目が大きく違うのをRDB上にどう実装するか悩んでいる、とのこと。

図15-2　可変属性のデータをどう管理する?

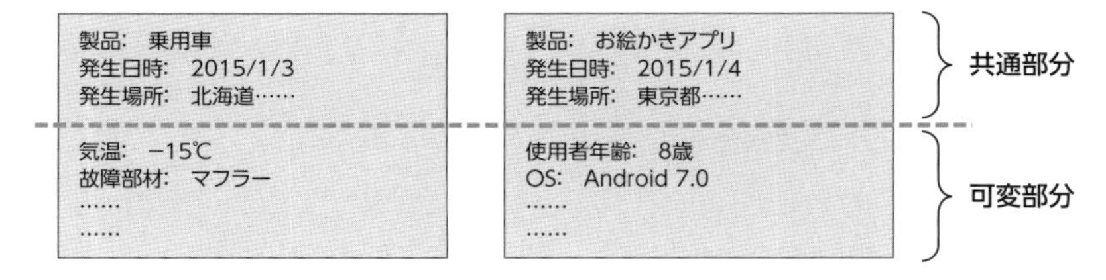

確かに、お絵かきアプリで使用時の気温や故障部材という項目に意味はないですし、逆に乗用車でOSという項目があっても無駄でしょう。

そこで、**図15-3**のように共通部分と可変部分にテーブルを分け、可変部分については属性名と値の組み合わせを持つことで、個々のincidentごとに項目を自由に変えられるようにしたい、ということでした。

図15-3　EAV（Entity-Attribute-Value）というアンチパターン

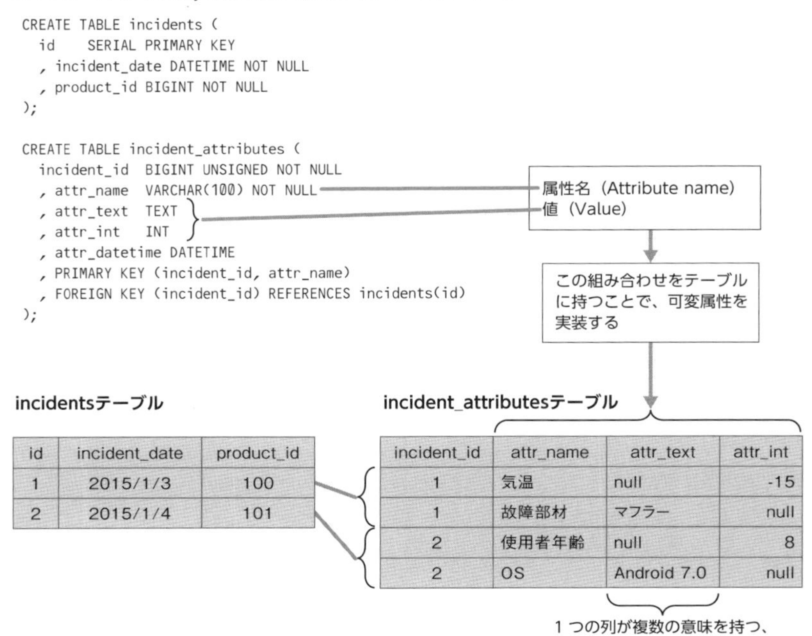

```
CREATE TABLE incidents (
  id     SERIAL PRIMARY KEY
  , incident_date DATETIME NOT NULL
  , product_id BIGINT NOT NULL
);

CREATE TABLE incident_attributes (
  incident_id  BIGINT UNSIGNED NOT NULL
  , attr_name  VARCHAR(100) NOT NULL
  , attr_text  TEXT
  , attr_int   INT
  , attr_datetime DATETIME
  , PRIMARY KEY (incident_id, attr_name)
  , FOREIGN KEY (incident_id) REFERENCES incidents(id)
);
```


incidentsテーブル

id	incident_date	product_id
1	2015/1/3	100
2	2015/1/4	101

incident_attributesテーブル

incident_id	attr_name	attr_text	attr_int
1	気温	null	-15
1	故障部材	マフラー	null
2	使用者年齢	null	8
2	OS	Android 7.0	null

これをすると、たとえばattr_textがレコードごとに「故障部材」や「OS」と違う意味を持つようになるため、1つのカラムが複数の意味を持つ「ダブルミーニング」と呼ばれる状態になります。

生島　「ああ、これは典型的なEAVやね」
大道　「EAVって何ですか？」
生島　「Entity-Attribute-Valueの略で、SQLアンチパターンのひとつ。これはValueを文字列と数値の2つ持たせたEAVだね」
大道　「アンチパターンということは、やってはいけない……？」
生島　「絶対にダメというわけではないけれど、よほどのことがなければ使わないほうがいいと言われてるんよ。私もちょっとお勧めはできないね」

EAVは、たとえば『SQLアンチパターン』[注3]でも触れられている「避けるべき手法」ですが、現実にはこの手法が使われているシステムはよくあります。

RDBは可変項目データの格納には向いていない

大道　「有名なアンチパターンなのに、よくあるんですか」
生島　「まあ、ダブルミーニングというのはそもそもRDBの設計思想と合わないので、それを禁止するのはRDBの原理的な制約のひとつなんよ。でも実際にはそのニーズがあるから、なんとか実現しようとするとこういうことをしたくなるんやね。そもそも今回このシステムでEAVをやりたくなったのはどうしてや？」
大道　「製品カテゴリによって、記録すべき項目があまりに違い過ぎるから……」
生島　「それがRDBに向いていないのはなぜやと思う？」
大道　「えっ……あ、つまり、こうですか？」

と、大道君がひらめいたように書き出したのが**図15-4**です。

生島　「おお、そうそう、それや！」

注3　Bill Karwin 著、和田卓人、和田省二 監訳、児島修 訳、『SQLアンチパターン』、オライリー・ジャパン、2013年

図15-4　RDBは「同種データの大量処理」のためのシステム

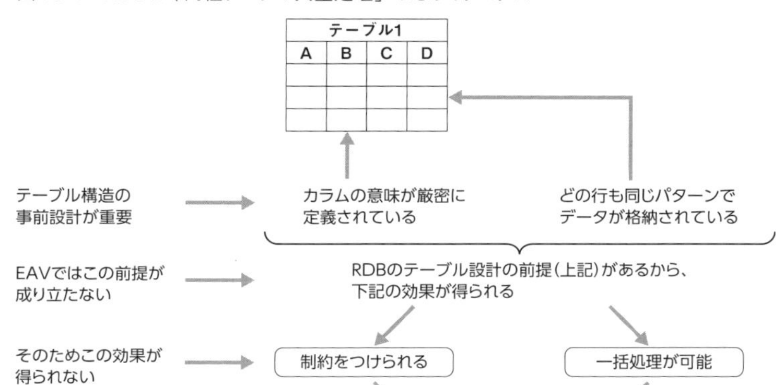

つまり、RDBは「同種データの大量処理」のためのシステムですので、カラムの意味が厳密に定義されていること（ダブルミーニング禁止の原則）、一部にnullを許すかどうかといった違いはあってもどの行も基本的に同じパターンでデータが格納されていること、が前提です。そのためにはテーブル構造の事前設計が重要で、その前提があるからこそ「データに制約を付ける」とか「集合操作によって簡潔に一括処理を行う」ことが可能になり、それによって開発効率や処理性能の向上というメリットが得られます。

しかし、EAVを使うとその前提が成り立ちませんので、メリットもまた得られないことになります。EAVを使うとサブクエリや自己結合が多発するため、SQLのソースも読みにくくなりますし、データを取得しにくく、性能的にも悪影響をもたらしますので、お勧めはできません。

大道　「そんなデメリットがあるのは知られているのに、現実にはよく使われているんですか……」
生島　「実際、今回も使おうとしたやろ。それはなんで？」
大道　「テーブル構造を事前に確定できないから……ですね。そうですね、これは原理的に不可能なんですね……」
生島　「障害管理DBって、製品カテゴリどころか実際は障害1件ごとに項目が違ってくることがあるし、そのすべてを事前に設計して数種類のテーブルにまとめるというのはとても現実的じゃなかろ。だからEAVを使いたくなるのは無理もないんやけど、完全に非定型の情報はそもそもRDBにはあまり向いていないので、NoSQLを使うことを考えたほうがいいかもしれんよ」

15.3 EAVを使いたくなる3パターン

生島 「一般論で言うと、EAVを使いたくなる場面は大まかに3つあって、第1が根本的に非定型のデータを扱う場合、第2が拡張に備えるため、第3がテーブル数を増やしたくない場合やね（**表15-1**）」

表15-1 EAVを使いたくなる3パターン

動機	頻出用途	対応策
根本的に非定型のデータである	ナレッジベースなど	テキスト＋単純タグで妥協 半構造化データ（XML、JSONなど） NoSQLの利用（MongoDBなど）
拡張に備える	カタログデータ、業務パッケージなど	テーブル継承（シングル、クラス、具象） カスタマイズ可能なラベル
テーブル数を増やしたくない	名称マスタテーブル	テーブル命名規約の整理 DBA体制の見直し

非定型のデータを扱いたい

大道 「今回のは第1のケースなんですね」
生島 「そう。バグ情報みたいに、個別に構造が異なるデータが出てくる場合。できればEAVはやらないほうがいいので、長いテキストデータに単純なタグを付けるぐらいで妥協しておくか、XMLやJSONで半構造化データにして格納するか、あるいはそもそもNoSQLを使うことを考えたほうがいいね」

テキストや半構造化データでRDBに格納した場合は、検索機能や性能が制約されてきます。それを避けたい場合はドキュメント指向という種類のNoSQLの使用を考慮すべきでしょう。ドキュメント指向のNoSQLデータベースとしてはたとえばMongoDBが知られています。

共通部分と可変部分を切り分けて実装

大道　「拡張に備える、というのはどんな場合なんでしょう？」
生島　「根本的に非定型というわけではないけれど、ある程度融通が利くように作っておきたい場合やね」

カタログなどは製品のカテゴリによって違う項目が必要ですし、同じカテゴリでも新製品が出ると新しい項目が必要になることがあります。その都度テーブル構造を変更するのは現実的ではないので、融通が利くようにしておきたいわけです。あるいは業務パッケージに対してユーザ企業ごとに微妙に違うニーズがあってそれを1つのコードで吸収したい場合もあります。EAVを使わない対応方法としてはシングルテーブル継承、クラステーブル継承、具象クラス継承といった方法が知られていますが、本書ではそれらの説明は省略します。「EAVアンチパターン」というキーワードで探すとネット上に解説が多数見つかりますし、前掲書籍にも書かれているので参考にしてください。いずれにしても、共通部分と可変部分を切り分けて合理的な実装方法を考える必要があります。

結局のところ、EAVを使っても変更が不要になるのはテーブル構造ぐらいで、SQLやアプリ側のコードは変更が必要なことが多く、その変更はかえって複雑になりがちなので、ここでもEAVはお勧めできません。

テーブル数を増やしたくない？

大道　「テーブル数を増やしたくないというのは？」
生島　「名称マスタテーブルは名称しかないのに種類が多くなるもんだから、テーブルを増やしたくない、と考える場合があるんよ」

たとえば性別・都道府県・職業など、システム上ではさまざまな「名称」を使います。性別なら男・女の2種類、都道府県なら47種類、のように、名称はカテゴリごとに有限個数あり、通常はこれをカテゴリ1つにつき1つの名称マスタテーブルを作って管理します。たとえば性別だったら通常は2件しかデータがありませんが、それでも1つテーブルを作ります。そうしていくと名称という単純な文字列データが数件しか入っていないようなテーブルが数十種類～100種類以上もできることがあります。

そこで、EAVを使えばAttribute-nameでマスタの種類を区別し、Valueに名称の文字列を入れることで名称マスタテーブルを全部まとめて1つにできる！というわけです。

大道　「え、でも……それをやると、SQLが読みにくくなりません？」
生島　「そうなるよ。SQL文が長く複雑になって読みにくいし、実際のところ名称マスタは単純な文字列1つだけじゃ済まなくなって、それぞれの名称に付随する関連データを持たせたくなることもよくある。そんなときにEAVでやっていると変更がかえって面倒くさいから、これもやらないほうがいいね」
大道　「そんなにしてまでテーブルの数を減らしたいものなんでしょうか……」

私の経験上、テーブルの数を減らしたい、という動機は大まかに2種類ありました。1つは単純にテーブル名を覚えきれないから、というもの。もう1つは、ちょっとしたテーブル追加・変更が必要になるたびに、週1回しかないDBA会議（データベース管理者会議）にかけなければならないので開発のスピードが落ちる、EAVならそれが必要ないので助かる、というものです。

前者の理由についてはテーブルの命名規約を工夫することで実用的には問題なくなります（**図15-5**）。

図15-5　テーブル命名規約例

このようなネーミングをしたうえで、SQL文ではM999の部分をエイリアスとして使用すると、テーブル数が増えても混乱を招かずに開発／運用が可能

```
SELECT
  t100.id, t100.order_date
  , t100.m900_id, m900.delivery_corp
(..略..)
FROM t100_orders t100
  INNER JOIN m900_delivery_corp m900
    ON t100.m900_id = m900.id ;
```

つまり、「接頭字＋連番＋内容を示す名前」というフォーマットでテーブル名を付け、接頭字＋連番をエイリアスとして使う方法です。この方式で命名するようにしてから、数百テーブルにおよぶシステムでもSQLを書くのに苦労したことはありません。

また、後者の理由は技術的な合理性を捨ててまで選ぶべきものとは思えません。

15.4 RDBの得意分野を正しく理解して使おう

大道「なるほど……こうしてみると、単純にEAVと言ってもいろいろ違うパターンがあるんですね。で……結局、EAVはどの場合も使わないほうが良いということでしょうか」

生島「まあ、既存のシステムがEAVで作られてしまっていてそれを引き継がざるを得ないとか、そんな場合はしょうがないけど、そうでなかったら基本的にやらないほうがいいと思うよ」

大道「わかりました！　では、NoSQLの利用も含めて考えてみます！」

今さらではありますが、RDBは万能ではありません。**図15-4**でも触れたように、RDBは同種データの大量処理に向いたシステムであるため、非定型データの扱いは苦手としています。何ごとも適材適所です。どんな技術も、それに向いた用途・手法で使わなければ宝の持ち腐れです。RDBの真価を発揮させるためにも、そうした限界をわきまえてNoSQLとは棲み分けを図っていくべきでしょう。

エピソード16

EAVや非正規形のテーブル設計を少しずつ修正する方法

大変そうな作業も細かく分ければできる

SQLのアンチパターンの対応に頭を悩ます大道君。そんな折、生島氏がこんな話を持ち出してきました。

生島　「昔々、木下藤吉郎、のちの豊臣秀吉が清洲城の塀の修理を命じられたときの話だけれど……」
大道　「秀吉がDBを使っていたわけじゃありませんよね」
生島　「もちろん違うけれど、何をやったかというと、修理が必要な区画を細かく分けてそれぞれに頭領をつけて小さなチームで担当させ、仕事が早かった者から褒美を取らせる、という方法で、周囲があっと驚くほどの短期間で工事を完成させたことがあるそうな。要するに大仕事でも細かく分けて進めれば意外に簡単にできることがあるよ、という話」
大道　「なるほど、細かく分けられる仕事であれば、そうですね」

生島　「EAVのような設計のテーブル構造をリファクタリングするときに、これでいけることがあるんだよ」

16.1 EAVのコードはメンテナンスしづらい

大道　「生島さん、ちょっとこれ（**リスト16-1**）を見てもらえませんか」

といつものように大道君が相談にやってきました。

リスト16-1　EAVテーブルの名称マスタ用法のサンプル

```
ordersテーブル生成

CREATE TABLE orders (
  id  SERIAL PRIMARY KEY
  , order_date DATETIME NOT NULL
  , input_employee_id BIGINT NOT NULL
  , delivery_id INT NOT NULL  -- 運送会社
  , delivery_time_id INT  NOT NULL  -- 配達時間
  (..略..)
);
```

```
運送会社と配達時間のマスタデータ生成

CREATE TABLE type_names (
  id  INT NOT NULL
  , type_name VARCHAR(100) NOT NULL
  , type_value TEXT
  , PRIMARY KEY (id, type_name)
);
INSERT INTO type_names(id, type_name, type_value)
VALUES
  (1, 'delivery_id', 'クロネコヤマト')
  , (2, 'delivery_id', '佐川急便')
  (..略..)
;
INSERT INTO type_names(id, type_name, type_value)
VALUES
  (1, 'delivery_time_id', '午前')
  , (2, 'delivery_time_id', '午後')
  , (3, 'delivery_time_id', '8時～10時')
  , (4, 'delivery_time_id', '10時～12時')
```

```
  (..略..)
;
```

運送会社と配達時間を参照するコード

```
SELECT
  o.id, o.order_date
  , o.delivery_id, n1.type_value AS delivery_comp
  , o.delivery_time_id, n2.type_value AS delivery_timeslot
(..略..)
FROM orders o
  INNER JOIN type_names n1
    ON o.delivery_id = n1.id
    AND 'delivery_id' = n1.type_name
  INNER JOIN type_names n2
    ON o.delivery_time_id = n2.id
    AND 'delivery_time_id' = n2.type_name
(..略..)
;
```

同じ名前が別な意味に多用されて読みづらい

生島　「おー、これもEAVやね。どうしたん？」
大道　「既存のコードでこういうのが使われているのを見つけまして……前回の話もあるので、使わないように修正しておこうかと思うんです」

EAV（Entity-Attribute-Value）というのは、エピソード15で触れたSQLアンチパターンの1つです。通常ならば「別な種類の値は別なカラムに格納する」ようにテーブル設計をするのがRDB設計の原則ですが、「値の種類（属性名）を示すカラムと値そのものを格納するカラム」の2つのカラムで汎用的な意味を持たせるような設計とすることで、カラムやテーブルの種類を減らす方法のことです。

リスト16-1のコードの場合はtype_namesがEAV方式のテーブルで、type_nameで属性名を示し、type_valueに値を格納します。

社内で開発しているECシステムの受注業務モジュールを引き継いだプログラマがSQLの読みにくさに悩んで大道君に愚痴をこぼしたのがきっかけで発見したそうです。

生島　「どこが読みにくいと思った？」
大道　「SELECT文のFROM句を見て、アタマが？？？だらけになりました。やっていることはこういうことですよね？」

と言って大道君が見せてくれたのが**図16-1**です。**リスト16-1**のSELECT文の処理ロジックを見える化するとこうなるわけです。

図16-1　リスト16-1のSELECT文の処理の図解（EAV方式のテーブルのJOIN処理）

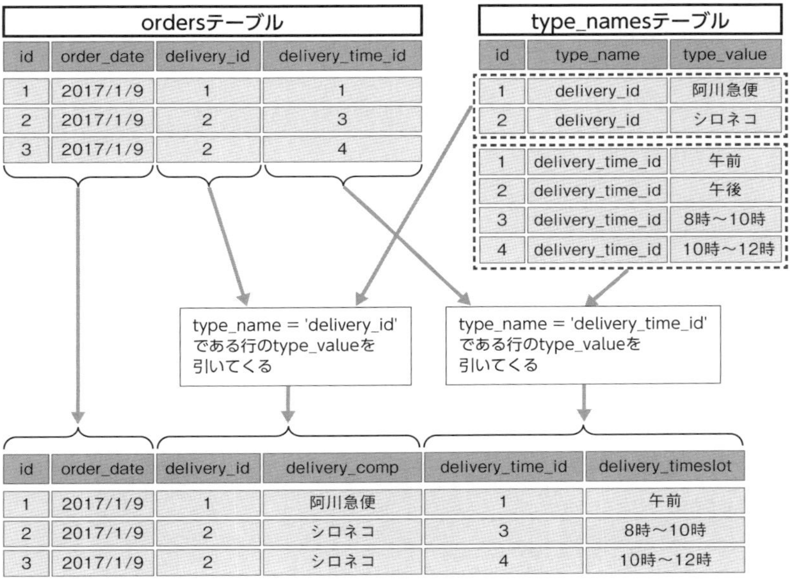

ordersテーブル

id	order_date	delivery_id	delivery_time_id
1	2017/1/9	1	1
2	2017/1/9	2	3
3	2017/1/9	2	4

type_namesテーブル

id	type_name	type_value
1	delivery_id	阿川急便
2	delivery_id	シロネコ
1	delivery_time_id	午前
2	delivery_time_id	午後
3	delivery_time_id	8時～10時
4	delivery_time_id	10時～12時

type_name = 'delivery_id'
である行のtype_valueを
引いてくる

type_name = 'delivery_time_id'
である行のtype_valueを
引いてくる

id	order_date	delivery_id	delivery_comp	delivery_time_id	delivery_timeslot
1	2017/1/9	1	阿川急便	1	午前
2	2017/1/9	2	シロネコ	3	8時～10時
3	2017/1/9	2	シロネコ	4	10時～12時

生島　「そうそう、こういうことやね。EAVを使うと、どうしてもこういうふうになるわけや」

大道　「type_valueという1つのカラムの情報が、delivery_compとdelivery_timeslotという別なカラムに使われていくというのはどうも馴染めません」

本書の第1章でも触れましたが、SQLはテーブルの一部をタテ方向でもヨコ方向でも自在に切り出して「集合的に扱う」ための言語です。その意味では**図16-1**でも「テーブルの一部を切り出して」使っていることには違いありませんが、EAV方式を使った場合のSQL文は通常の設計で出てくるSQL文と根本的に違う面があります。その違いを大道君に聞いてみると、

大道　「そうですね……同じ名前が何度も出てくるので、混乱しやすい気がします」

生島　「そこ、試験に出るよ！（笑）」

同じ名前が違う意味で使われている！

別に試験はありませんがまさにそのとおりで、**リスト16-1**のSELECT文を見ると、type_namesテーブルのid、type_name、type_valueの3種のカラムが2回出てきてそれぞれ違う意味を表しています。通常の手続き型言語のプログラミングに例えれば、同じ変数名が隣の行で違う意味で使われているようなもので、混乱しないはずがありません。

大道　「ですよね……幸い、と言っちゃなんですけど早めに気がついたので、これを使わないように修正しようと思うんですが、その段取りをどうしようかと」
生島　「すでにこれで書かれたコードがあるわけだね？」
大道　「そうなんです。調べてみたんですが、**図16-2**に書いたように、EAV方式って本来は分離しておくべきA～Dのテーブルが全部入っているわけで、中身は実質的に多数のテーブルじゃないですか。だからそこに関係するコードは参照系も更新系も非常に多いですよね」
生島　「そうやね」

図16-2　EAV方式のテーブルには大量のコードが関係する

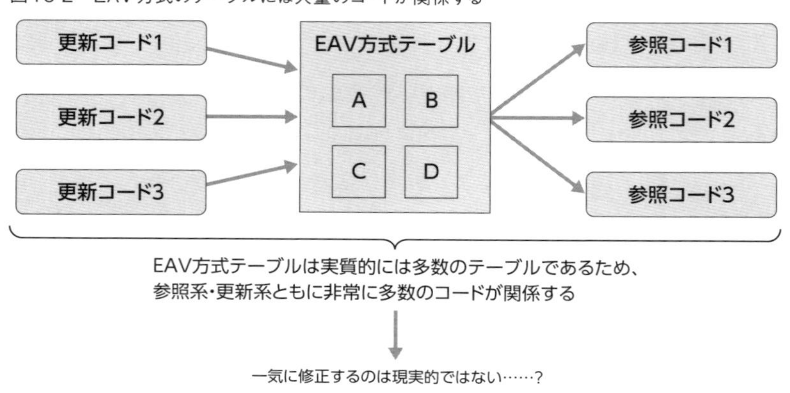

大道　「となるとそれを一気に修正するのは現実的には難しそうで……」
生島　「まあ、そうやね」

大道　「かと言ってこれをそのまま放置すると、メンテナンスしにくいコードが今後も大量に残るわけですから、なんとかしたいわけです」
生島　「うん、それで？」

これまでは私が方法を指示することが多かったのですが、すでに何か策を考えていそうだったので、先をうながしてみました。

16.2 EAVの名称マスタを少しずつ移行する方法

大道　「これ、EAVを名称マスタ用に使っているので修正方法自体はわりと単純で、type_nameの種類別に個別の名称マスタテーブルに切り出して、それを参照・更新するようにSQLを変えればいいんですけど、何しろ数が多いので、少しずつやれないかと思いまして……こんな方法は可能でしょうか？」

と言って大道君が見せてくれたのが**図16-3**です。

図16-3　一時的に二重管理を許せば段階的な移行が可能

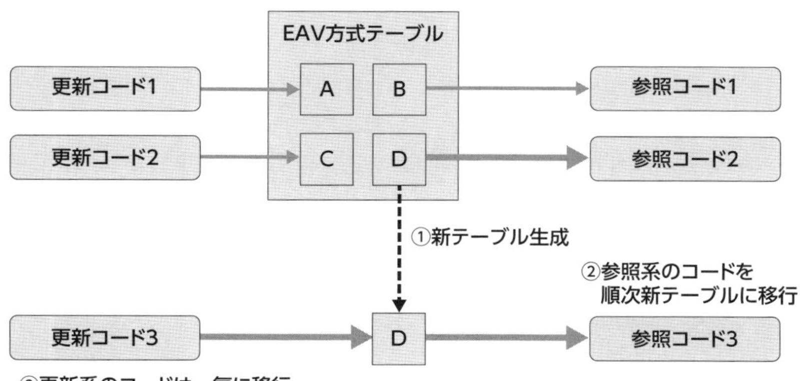

大道　「まず、①EAVからたとえばDの部分のデータをコピーして、同じデータを持つ新テーブルを生成します。その後、②参照系のコードを順次新テーブルを使うように移行させていきます。すべての移行が完了するまでは、EAV内のDも残しておきます。両方のDには同じデータが入っているので整合性は保

たれます。完了したらEAV内のDを削除。これを繰り返してすべてのEAV内データの移行を終えたら、EAVテーブル全体をDROPする……で、いけるでしょうか？」

生島　「おお、そうかそうか。なるほどね……うん、いけそうやね。でも、更新系のコードはどうするの？」

大道　「やっぱりそこが問題ですよね……。名称マスタ用のデータなんかだと、そもそも更新系のコードがない場合もあるんですけど、全部がそうじゃないです。ただ、更新系は少ないので、最後に一気に移行させようかと……」

生島　「これがうまくいく前提は、二重に存在するDのデータの同値性が保たれること、やね？」

大道　「そうですね」

生島　「『①新テーブル生成』のあと、『③更新系のコードは一気に移行』の間に、EAV内のDに更新がかかる可能性はある？」

大道　「……あります」

生島　「そこで2つのDの整合性を保つしくみはある？」

大道　「そこなんですけど、何か良い手がないでしょうか」

生島　「まあ、古いテーブルにトリガーかけてやればえぇよ」

大道　「え？　トリガー使ってもいいんですか？」

生島　「こういうときにこそ使うもんよ」

2つのDに同じデータが入っているようにするためには、古いデータ（EAV内のD）が更新されたときに、その内容で新しいテーブルを更新するようにトリガーを組んでやります。**リスト16-2**がその例です。

リスト16-2　新テーブルの生成と更新トリガー

```
SELECT文の結果を新規テーブルにコピー

CREATE TABLE delivery_comps
(PRIMARY KEY (id))
AS
  SELECT
    id
    , type_value AS delivery_comp
  FROM type_names
  WHERE type_name = 'delivery_id'
;
```

```
CREATE TABLE delivery_timeslots
(PRIMARY KEY (id))
AS
  SELECT
    id
    , type_value AS delivery_timeslot
  FROM type_names
  WHERE type_name = 'delivery_time_id'
;
```

```
旧テーブルへの更新を自動的に新テーブルに反映させるためのトリガー

DELIMITER $$

CREATE TRIGGER tr_type_names AFTER INSERT UPDATE DELETE
  ON type_names FOR EACH ROW
BEGIN

  -- delivery_compsテーブルと同期
  IF OLD.id IS NOT NULL AND type_name = 'delivery_id' THEN
    DELETE FROM delivery_comps WHERE id = OLD.id;
  END IF;
  IF NEW.id IS NOT NULL AND type_name = 'delivery_id' THEN
    INSERT INTO delivery_comps (id, delivery_comp)
    VALUES(NEW.id, NEW.type_value);
  END IF;

  -- delivery_timeslotsテーブルと同期
  IF OLD.id IS NOT NULL AND type_name = 'delivery_time_id' THEN
    DELETE FROM delivery_timeslots WHERE id = OLD.id;
  END IF;
  IF NEW.id IS NOT NULL AND type_name = 'delivery_time_id' THEN
    INSERT INTO delivery_timeslots (id, delivery_timeslot)
    VALUES(NEW.id, NEW.type_value);
  END IF;

END;
$$

DELIMITER ;
```

トリガーは便利、けれどご利用は慎重に

本来ならばDを更新するコードをすべて洗い出してそのすべてを修正する必要があるのですが、トリガーを使えば1ヵ所で済みます。そんな便利なトリガーですが、便利さと危険さは裏表で、トリガーを多用するとアプリケーションか

ら存在が見えないコードが多数走ることになり、つまりプログラマがその存在を忘れてしまう危険を伴います。そこで、弊社では次のような基準に合致するときにトリガーを採用しています。

・動作を周知徹底できる内容であること
・Excelなどの定義ファイルから自動生成できること

今回のトリガーは恒久的なものではなくEAVをなくすために一時的に使用するものであり、かつ、**リスト16-2**を見てもらえばおわかりのようにワンパターンのコードが続くため、Excelマクロでカラム名一覧からトリガーを自動生成できる程度の単純な内容です。この程度の単純なものなら「動作を周知徹底する」のも容易ですので、使っても問題ないでしょう。

生島　「まあ何にしてもそれでいけるやろ！　やってみ！」
大道　「やってみます！」

16.3 非正規形のテーブルを正規化したい

この例のように「下手な設計で作ってしまったけれど、今さら作りなおせない」というシステム、身近に心当たりのある方も多いことでしょう。基本設計がまずいままで大量のコードを書いてしまうと、それを一気に修正するのはなかなか現実的ではありません。ですが、やりようによっては少しずつ修正できる場合があります。

前述の例はEAVでしたが、もうひとつ、「非正規化設計のテーブルを正規化する」という例を紹介しましょう（**図16-4**）。

図16-4　非正規化テーブルの正規化修正

orders(受注)テーブル　(非正規形状態)

order_id (受注ID)	order_date (受注日)	customer_id (顧客ID)	status (処理状況)	line_id (明細番号)	product_id (商品ID)	price (単価)	quantity (数量)
1	2017/1/8	100	0	1	3517	1800	10
1	2017/1/8	100	0	2	8492	750	2
2	2017/1/9	101	0	1	4461	2240	4

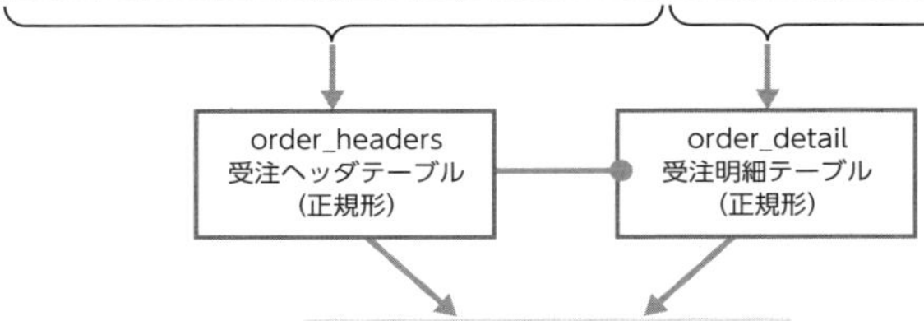

```
CREATE VIEW orders AS
SELECT
  h.order_id
  , d.line_id
  , h.order_date
  , h.customer_id
  , h.status
  , d.product_id
  , d.price
  , d.quantity
FROM order_headers h
  INNER JOIN order_details d
    ON h.order_id = d.order_id;
```

図16-4の上部は非正規化された受注テーブルの例です。テーブルの中に受注ヘッダと受注明細が混在しているため、受注ヘッダに該当する部分に同じ情報が重複して現れています。これは非正規化設計でよくある例ですが、本来は分離しなければなりません。なお、実際には**図16-4**に示した以外にも多数のカラムが必要ですが、単純化してあります。

生島　「さて、ここで受注テーブルを参照しているコードが多くてやっぱり一気に修正するのが無理だとする。EAVのときと同じ手が使えるかな？」
大道　「これは……statusみたいに、トランザクションをかけて更新する情報が入っているから、コピーを作るわけにはいかないですよね？」
生島　「トリガーは発火元のトランザクションの中で動くけど、まあ名称マスタと違ってこの種のデータの実体を二重に持つのはやめたほうがいいね。マスタと違ってデータ量も多いし。そこで役に立つのがViewなんよ」

正規化してからViewを使って非正規形を再現

手順としては、まず元テーブルを更新しているプログラムを洗い出したうえで、それをすべて、正規化した新テーブルを更新するように修正します。

次に、元テーブルから新テーブルへデータを移行します（**図16-4**の①）。

元テーブルをDROP（またはバックアップのためリネーム）し、代わりに非正規形の元テーブルを再現するViewを作ります（**図16-4**の②）。当面このViewで元テーブルとの互換性が保たれるため、参照するコードは無修正で動きます。

その後順次、参照系のコードも正規形テーブルを参照するように変えていきます（**図16-4**の③）

すべての修正を終えたら、orders ViewをDROPします。

大道　「あ、なるほど……参照系のコードにとっては『要するに読めればいい』ので、実体を残す必要はないんですね。同じ名前で同じ値が返ってきさえすれば……」

生島　「そういうこと。こんな手を使うこともできるから、やってみるといいよ」

正規形はRDBの基本ではありますが、深く考えずに、あるいは「正規化すると性能が落ちるから……」のような間違った考えをもとに非正規形で作ってしまったシステムも少なくありません。基本設計をひっくり返すのは一筋縄ではいきませんが、ずっと使い続けるシステムで下手な設計を残しておくと、後々禍根を残します。こんな方法を参考に、できるだけ解消するように工夫してみてください。

開発を効率よく進めるためのアイデア

ここまでの章で解説してきたように、SQLは開発された経緯も使う際の考え方も一般的なプログラミング言語とは大きく異なります。開発の中で、効率的に作業を進めたり、人材を適切に配置したりするうえでも、その違いを意識する必要があります。

エピソード17

SQLのための仕様書は書くだけムダ

その仕様書は本当に必要？

膨大な仕様書を前に、大道君が何やら愚痴っています。

大道　「わからない……これ要するに何をしているんだろう……？　在庫数算出処理の仕様のはずだけれど、まるで日本語でJavaのプログラムを書いているみたいだな……。こんなものを書くよりSQLで書いてくれたほうがよっぽどわかりやすいのに」
大道　「こんな仕様書で、よく開発できたなあ……」

17.1 書類を増やしたからといって役に立つとは限らない

　ある日のこと、またしても性能トラブルシューティングに駆り出された大道君が膨大な仕様書に埋もれるようにして悩んでいました。

大道　「これまでも何度か出てきた『在庫数量表示』の処理なんですが、Javaプログラムから単純なSQLを投げてデータを取得して集計する、よくある『ぐるぐる系』のプログラムなのは簡単にわかりました。これを一発系に修正すれば解決しそうです。そこでJavaプログラムの詳細仕様書があったので読んでみているんですが……さっぱりわけがわからないんですよ」

　ざっと**図17-1**のような構図です。

図17-1　アルゴリズムを記述する詳細仕様書

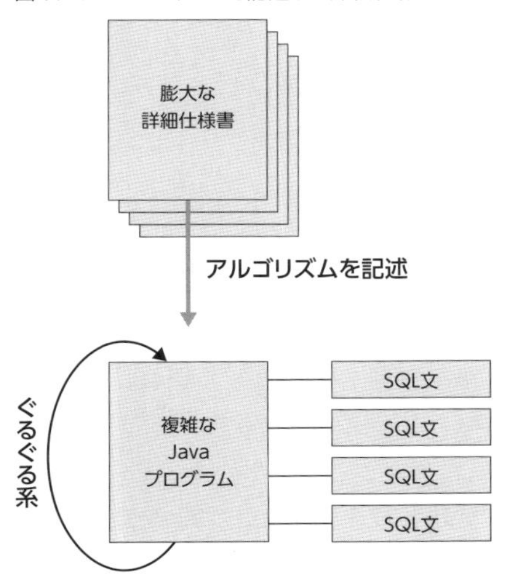

　ここでいう「詳細仕様書」としては**リスト17-1**のようなものがよくあります。実際、大道君が四苦八苦していたのもこんな仕様書の山でした。

リスト17-1　理論在庫算出処理の仕様書

```
在庫数は倉庫ごとに管理している。
商品検索をされたとき、以下のとおり、理論在庫数を算出して表示する。

1　画面からの条件で商品マスタを抽出する。※
2　倉庫マスタを読み込み、配列に保存する。※
3　抽出された商品マスタをループする。
  3.1　倉庫マスタ配列をループする。
    3.1.1　在庫データを次の条件で抽出し、棚卸数を変数棚卸数に加算する。※
      在庫データ.商品CD = 商品マスタ.商品CD
      AND 在庫データ.倉庫CD = 倉庫マスタ配列.倉庫CD
    3.1.2　入庫データを次の条件で抽出し、入庫数を変数入庫数に加算する。※
      入庫データ.商品CD = 商品マスタ.商品CD
      AND 入庫データ.倉庫CD = 倉庫マスタ配列.倉庫CD
      AND 入庫データ.入庫日 >= 在庫データ.棚卸日
    3.1.3　出庫も入庫と同様に処理し、変数出庫数に加算する。※※
  3.2　倉庫マスタ配列のループがなくなったとき、理論在庫数を算出し、
       画面に出力する。
       理論在庫数 = 変数棚卸数 + 変数入庫数 - 変数出庫数

※ の部分にはSQLのイメージも入ります。
※※ の部分は、実際は「同様に処理」と省略せずに書いてあります。
```

大道　「昔は**リスト17-1**みたいな仕様書にもとくに疑問を持っていなかったんですけど、今見るとよくこんな仕様書で開発できたなあ、と思います。最初からSQLで書いてくれたほうがずっとわかりやすいのに」

そもそも最初からSQLで書くほうがずっとわかりやすい、と感じるぐらいには大道君もSQL感覚を身につけてきたようです。しかし、このように考えるIT技術者は多くはないようで、「複雑なSQL文は書くな」とか「JOINは使用禁止」という規約を作ってしまうようなSQL嫌いの技術者がまだまだいるのが現実です。

実のところ、大道君を悩ませていた**リスト17-1**のような詳細仕様書を書くのはそもそもムダです。

五代　「生島さん、それホンマでっか?!」
生島　「もちろん本当ですよ」
五代　「あの膨大な工数をかけて作っている詳細仕様書がそもそもムダやと言うんですか？　それって大幅にコスト削減できる美味しいネタなんですが！」

生島「まさしくそのとおりなので、今後はムダな詳細仕様書を書くのはやめてSQLをバンバン使っていきましょう」

と、五代さんもマネージャーらしくコストの点で食いついてきましたので、SQLのために詳細仕様書を書くのはムダだという点について詳しくお話ししましょう。

17.2 SQLは人間が現実世界で使う言語に近い

そもそも論からいくと、プログラミング言語を分類する際の評価軸の1つに「CPUに近いか、現実世界に近いか」という観点があり、SQLは人間が現実世界で使う言語に近いものです(**図17-2**)。

図17-2　プログラミング言語の階層

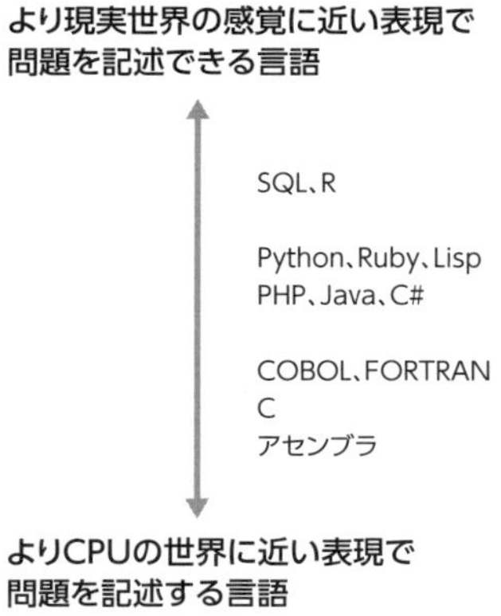

CPUに近い言語にはアセンブラやCがあります。アセンブラではたとえば1＋1のような簡単な計算でさえ「1 + 1」とは書けず、「レジスタAとレジスタBに値1をセットし、両者を足した値をレジスタCに格納する」のように、コンピュータのハードウェア構造に沿った形で書きます。CやFORTRANであれば「1 + 1」は書けますが、「テーブル」という概念は持っていないため、SQLのようなテーブル操作をしようと思ったらデータ構造の定義から始めなければいけません。SQLは人間が現実世界でよく使う「テーブル」構造を簡単に記述・

操作できるように設計されているので、現実世界の感覚でプログラムを書けます。

といっても当然SQLが万能なわけではありません。「現実世界」には多様な問題が存在していて、それを表すためにはそれぞれ特有の「データ構造」が必要です。そしてそのデータ構造には特有の「オペレーション」が定義されるのが普通です。そして、これらのデータ構造とオペレーションを操作できる記号の体系があると、それをプログラミング言語から利用できます。

図17-3　言語仕様と問題領域には相性がある

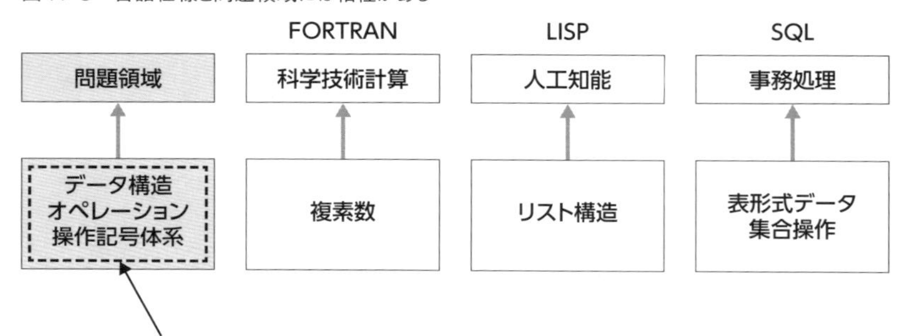

たとえば、FORTRANは科学技術計算用に作られた言語だったため、ほかの言語ではあまり例がない複素数関連の機能を最初から言語仕様レベルで持っていました。Lispはリスト構造の操作能力を活かして第一世代の人工知能用言語として使われました。SQL（RDB）は表形式のデータに対して集合操作が可能であるという言語仕様を持ち、企業の事務処理用途との相性が良かったため1990年代以後はほとんどの企業業務システムで使われるようになりました。

一方、オブジェクト指向言語は**図17-3**でいう「データ構造／オペレーション／操作記号体系」に関する、言語そのものの仕様自体を拡張しやすいように設計されています。たとえば。C/C++には組み込み型としての複素数型は長年存在しませんでしたが、クラスを定義し演算子のオーバーロードをすればあたかも複素数型を持つかのようなコードを書けます。当然リスト構造や表形式データの操作機能が必要になればそのクラスを作ってライブラリ化すれば、あたかも言語仕様が拡張されたかのように使えるわけです。

このような柔軟な記述能力によって「多様な問題に対応できること」はオブジェ

クト指向言語の強みですが、「表データの集合操作」という用途に限定すれば人間にとってはSQLのほうがはるかに使いやすいのです。もちろん、特定の用途に特化する以上、できることは限られてきます。SQLはDB操作しかできませんし、Rは統計プログラミングしかできません（少々極論ですが、統計以外の理由でRを積極的に選ぶことは考えにくいでしょう）。それに対してJava、Ruby、C#などを使えば、やろうと思えば何でもできます。ただし、SQLでできることをそれらの言語でやろうとするとたいへんな手間がかかります。

17.3 SQLは「要求」レベルを記述する言語

大道　「SQLのほうが使いやすいのは今までの経験でわかりましたけど、だから仕様書が必要ない、とまでは言えないんじゃないでしょうか？」
生島　「そのとおり！　いいとこ突いてきたね。じゃあ次は『仕様書』が実際に何を書いているのかを見てみようか」

仮に1億件のデータをソートしたいとしましょう。ソートは事務処理で頻繁に発生する負荷の重い処理の代表格で、データ件数が増えると爆発的に重くなります。一方で、データのばらつきパターンに応じて適切なアルゴリズムを選ぶと負荷を大幅に軽くできます。

生島　「さて、1億件のソート処理にかかる負荷をできるだけ軽くするにはどうしたらいい？」
大道　「そうですね、1億件ともなると、決め打ちで特定のアルゴリズムを使うとそれが外れたときの負荷がむちゃくちゃ重くなってしまうので、最初に一部のデータを読んでバラつきパターンを推定し、それに応じて合ったアルゴリズムを選んで処理すれば良さそうな気がします」

というわけで**図17-4**です。

図17-4　1億件のソート処理を実行するまでの流れ

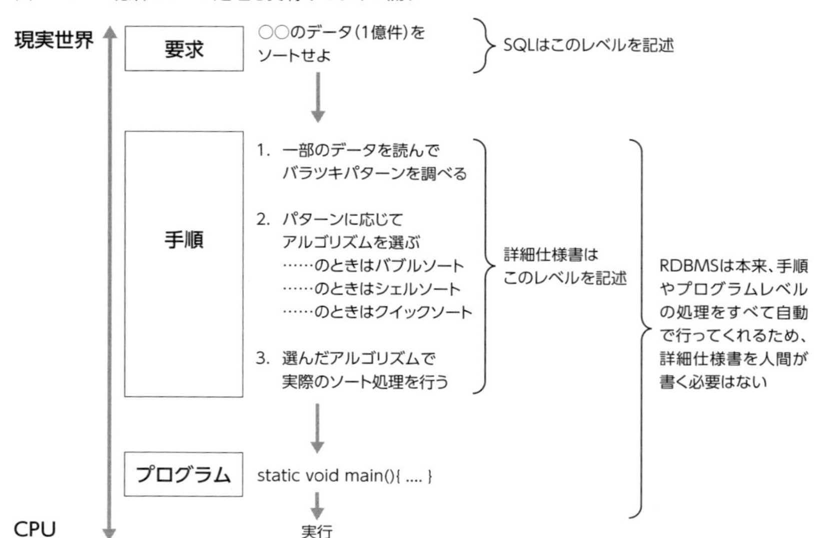

ソート処理を実行するには「1億件のデータをソートせよ」という要求を大道君が言ったような手順にブレークダウンし、それをプログラミングして実行するという流れになります。SQLは「要求」のレベルを記述する言語なのに対して、**リスト17-1**のような詳細仕様書は「手順」のレベルを記述しています。しかし、本来RDBはSQLで「要求」を書けばそれより下の階層はすべて自動的に行ってくれるシステムなので、「手順」のレベルの仕様書を書くのは無駄なのです。

生島　「ここでもう一度**図17-1**を見てみよう。そもそも不要なはずの詳細仕様書を書かなければならなかったのはなぜかな？」
大道　「ああ、SQLを末端のデータ取りにしか使っていないから……ですね？全部SQLにしていれば現実世界に近い『要求』のレベルだけを書けば済むのに、わざわざJavaプログラムにして『手順』を書こうとするから詳細仕様書が必要になったんですね」
生島　「そういうこと！　率直に言ってムダもええとこや」
大道　「じゃあ……どんな仕様書なら役に立つんでしょうか？」

仕様書と言ってもいろいろですので、意味あいを整理するために**図17-5**を見てください。

図17-5 「仕様書」の役割

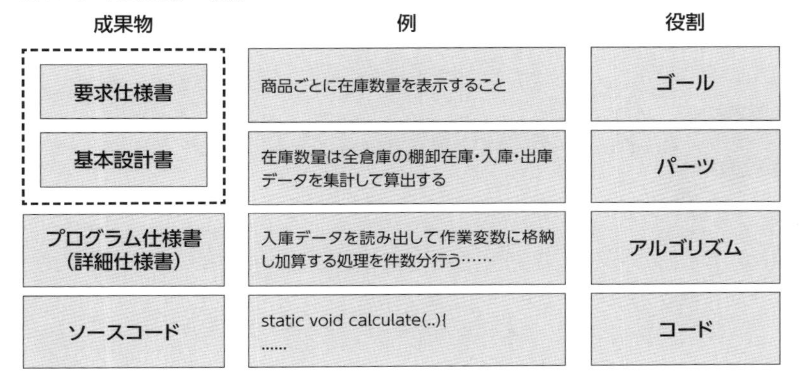

左側の「成果物」の列は、成果物として要求される文書類の名前、「例」でそこに書く情報の例を示しました。「役割」の列にあるのは、それぞれを象徴する言葉として私が選んだものです。

「要求仕様書」のおもな役割は、利用者にとっての「ゴール」を示すこと、たとえば「在庫数量の表示」がゴールです。そして、プラモデルはパーツを組み立てて作るように、そのゴールを達成するために必要な手順や情報、たとえば在庫数量なら「棚卸数」「入庫数」「出庫数」などは「パーツ」とみなせます。システムの利用者はパーツを意識しませんが、開発者は考える必要があるので、その仕様を記載するのが「基本設計書」です。小さな変更案件では要求仕様書と基本設計書を区別せずまとめて書く場合もあります。

また、「パーツ」を実装するための「アルゴリズム」を書いた仕様書をしばしばプログラム仕様書や詳細仕様書のように呼びます。

最後にそのアルゴリズムをソースコードとして実装して初めてシステムが稼動します。

そこまで説明して、大道君に1つ尋ねてみることにしました。

生島　「さて、SQL文の役割は**図17-5**のゴール、パーツ、アルゴリズム、コードのどれだと思う？」

大道　「えっ……コードですよね？」

という回答。予想どおりですが、そこが実は極めてよくある誤解なのです。

生島　「いやいや、**図17-4**を見直してよく考えてみな？」

17.4 SQL自体が仕様書のようなもの

大道　「あっ……そうか、SQLは要求レベルのことを表していて、それを実際の手順にするのはRDBのシステムがやっているわけだから……実はSQLはゴールを示す役割ですか？」

そういうことです。確かにSQL文は「コード」の一種ではありますが、実際の役割はゴールとパーツの部分、つまり要求仕様／基本設計レベルのことを表していると考えたほうがいいのです。

それに対して、**リスト17-1**のような仕様書は、「アルゴリズム」を書いています。しかし、コードとして動くSQL自体がゴールとパーツの役割を兼ねているので、実は中間の「アルゴリズム」はそもそも書く必要がありません。つまり、**リスト17-1**のような「アルゴリズム」を示す仕様書は、SQLを書くための仕様書としては意味がないのです。

もちろん完全にすべての仕様書が不要なわけではなく、たとえばパラメータを使ってSQL文を作り、結果を得るようなコードであれば「パラメータと戻り値」の部分、つまりインターフェースの定義書は必要です。しかし詳細なアルゴリズムを仕様書として書くのはほぼ無駄です。

すると、五代さんが大声を上げました。

五代　「な、なんやって‼　あの何百ページもの詳細仕様書が……無意味やて」
生島　「実はもともとSQLの設計思想の1つが、アルゴリズムをなくすことなんです。残念なことに、**リスト17-1**のレベルの仕様書を書けば書くほど、SQLの実力をつぶしてしまいます。デスマーチになったときはよく、『仕様書の不備』が原因にされて、あれも書け、これも書けとなりますよね？　それこそ工数が増えてパフォーマンスが落ちる最大の原因です。実際、今まで私がトラブルシューティングを頼まれて直したときも、だいたいはテーブル定義（ER図）とソースしか見ていません。詳細仕様書を見てもほぼムダなんです」

大道　「言われてみればそのとおりでした。確かに、今まで生島さんに見てもらった中には、何千行もあるJavaプログラムがたった数個のSQL文で書けてしまって、何十倍もわかりやすくなったことが何度もありました」

五代　「その何千行のために詳細仕様書を書いてデバッグして、とやっていたのが全部いらなくなるってわけですか……。ちゃんとSQLを使えば、仕様書が減って、ソースコードが短くなって、テストパターンが減って……、工数的にもめっちゃおいしいやん！」

と、五代さんも今後の開発では「SQLを徹底活用し、無駄な仕様書は書かない」方針に同意してくれました。とはいえ、「詳細仕様書を書かない」ことをほかのチームにも広めていくためにはSQLを食わず嫌いしているほかの技術者、とくに年長の技術マネージャーにも理解を得ていく必要があるため、長い道のりとなることでしょう。

エピソード18

O/Rマッパーを使うべきか・使わないべきか

自動化頼みのエンジニアリングではプロとは言えない

ここはとあるエンジニアを育てる学校——。

講師　「この問題を解決するには、AとBと2つの方法がある。Aのほうが短時間でできるけれど、仕上がりの精度はイマイチだ。Bは時間がかかるけれど精密に加工できる。何か質問は？」

　しかし、生徒たちからは質問がない。

講師　「え、質問ないの？　どうして？　せめて、なぜそうなるのかは確認しようよ？」
生徒　「でも……そこは、今は自動機Cを使って自動でやれる部分ですよね？　AとBまで覚える必要あるんでしょうか？」

講師　「自動機も結局AかBを自動でやるマシンなんだから、元の原理を知っておかないと使いこなせないよ？　プロを目指すなら、『機械に任せればいい』じゃなくて、なぜAなら短時間でできるのか、なぜBなら精密に加工できるのか、その理由まで知ったうえで使うもんだ！」

18.1 O/Rマッパーで起きがちなN＋1問題とは

大道　「O/Rマッパーって、どうですか？」

と、大道君がある日唐突に尋ねてきました。O/Rマッパー（以下、ORM）とは、RDBに使われるSQLと手続き型プログラミング言語との間のギャップ、いわゆるインピーダンス・ミスマッチと呼ばれる問題を解消するために手続き型（オブジェクト指向）言語側に作る、高機能なDBアクセス・フレームワークの一種です。

「どうですか」とだけ聞かれてもわからないので質問の背景を聞くと、最近協力会社でのDB性能トラブルシューティングに駆り出されたところ、DBアクセスには基本的にORMを使用していて、いわゆるN＋1問題を起こしていたということです。

N＋1問題というのは、本書でも何度か触れた「ぐるぐる系」SQLをORMが発行してしまう現象で、ORMがらみの性能トラブル原因の代表格です。例としては**図18-1**のようなものがあります。

図18-1　N＋1問題を起こすO/Rマッパー使用のコード[注1]

Ruby on RailsのActiveRecordでN＋1問題を起こすコード

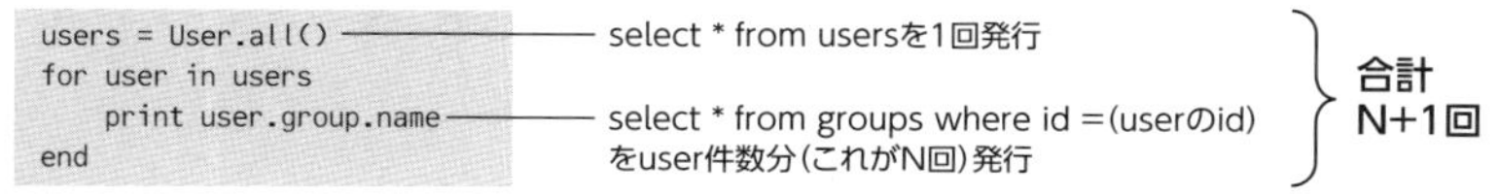

N＋1問題への対策をしたコード（eager loading方式）

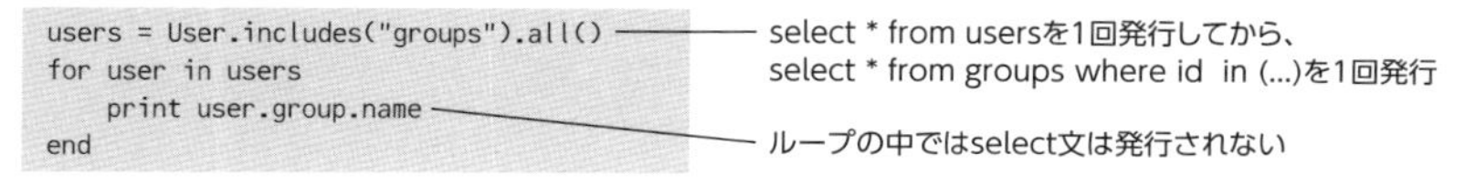

注1　図18-1は以下のスライド資料のp.32、p.33を参考に作成しました。
Makoto Kuwata、「O/R Mapperによるトラブルを未然に防ぐ」
https://www.slideshare.net/kwatch/how-topreventorm-troubles

usersテーブルを取得するために1回、そこに含まれるuserごとにgroupsテーブルを取得するためN回で、合計N＋1回のSQLが発行されてしまうことからこの名前があります。この問題はプログラマが気がつかないうちに起こりがちで、性能への影響も大きいことから有名であり、その分、対策も知られてきました。

大道　「ええ、原因がわかったので対応はできましたけど、そのプログラマさんと話していてどうも違和感があったんです」
生島　「何があったんや？」
大道　「RDBとSQLをよく知らないらしくて、それに対策を教えたときの様子がなんだかコピペ的で……」
生島　「ああ、コピペ的ね……」
大道　「こういうふうにすればいいですよ、とサンプルコード見せると、『あ、そうですか』とそのまんまコピペしてそれだけだったんですよ。お礼は言うんですけど、質問がなくて。普通はどうしてこれで改善されるんですか？と理由を聞きますよね？」
生島　「普通はそうやね～」
大道　「なので、聞かれていないけど理由も説明しました。でも、わかってくれたような気がしません」
生島　「そら、わかってないやろな～」

残念ながらコピペ（コピー＆ペースト）プログラマはそこかしこに存在しているので、珍しいこととは言えません。

18.2　O/Rマッパーを使っていいとき・悪いとき

ORMについてはギャップ解消の救世主的な声もある一方で批判派も多く、私は基本的に批判派です。私見でORMを使っていいときと悪いときを整理すると、次のように考えています。

使っていいとき

①データ構造が簡単（テーブル数が10程度）

②NoSQLに移行する可能性がかなり高い
③性能要求が低い
④SQLの教育がどうしても無理
⑤主キーを使った単純な更新処理（追加／変更／削除）

使うべきでないとき

❶上記の①～⑤を満たさないもの
❷「SQLが理解できない」ことを理由にORMに頼ること

18.3 SQLは考え方さえわかれば簡単な言語

そもそもSQLがどのような性格のものなのかを**図18-2**にまとめました。

図18-2　プログラミング言語の守備範囲

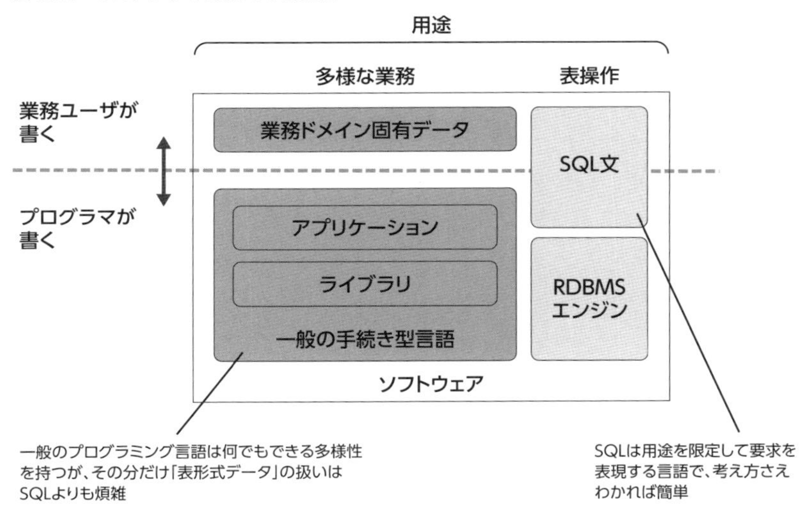

ソフトウェアは何らかの用途のために作ります。「業務ドメイン固有データ」というのは業務ユーザが書くもので、たとえばExcelのシート、Wordの文書、Photoshopの画像のようなものがそれにあたります。そのデータを処理するアプリケーションや、そのためのライブラリはプログラマが書くもので、一般の手続き型言語を使って作ります。一方、RDBMSは「表形式（実際は関係モデ

ルですが）のデータを操作する」という限定された用途に絞って使われるもので、SQL文は「多様な業務」の側で言えば「業務ドメイン固有データ」と「アプリケーション」にまたがったぐらいの位置づけになります。

ここで注目したいのは、「SQLはプログラマではない業務ユーザでも書ける」ということです。一般のプログラミング言語は何でもできるポテンシャルを持っていますが、その分、表形式データの扱いはSQLよりも煩雑です。一方、SQLは「表形式データ」を扱うのに特化していて、「こういうデータがほしい」と、データへの要求をSQL文として書けば、実際にどこからどういう手順でデータを集めて処理するかという「アルゴリズム」はRDBMSが考えてやってくれます。その結果、**SQLは考え方さえわかれば簡単な言語**になっています。これが重要なところで、SQLを習得するのが難しいのならば「SQLが理解できない」ことを理由にORMに頼ってもいいと思いますが、本来簡単な言語なのですからそれを理解できない、というのはそれこそ理解できません。

実際に、私は「営業マンも全員がSQLをバリバリ使いこなす」という会社を取材してきたこともあります[注2]。

元技術者というわけでもない、完全に文系の営業さんでも普通に理解できるようになるのがSQLです。私が開いているSQL講座では、普段Excelで仕事をしている事務職オペレータでも3日もあればSQLによるデータ操作は一通りできるようになります。職業プログラマが本気になったらできないはずがありません。

SQLをわかったうえで、リザルトセット（DBから返ってきた検索結果）の、オブジェクト（アプリケーション側で処理をするための変数）への変換やSQL文生成ジェネレータとしての簡便さを活かすためにORMを使うというのであれば理解できますが、そうではないケースをよく見かけます。

大道　「そうなんですよ。あの人はどう見てもわかっていない感じでしたから……。**図18-1**の修正点も、その修正でSQLがどう変わるのか理解していないはずです。単にこういうおまじないをしておけば大丈夫、と人に聞いたからコピペしている感じでした」

注2　Yukihiko Kawarazuka、「営業さんまで、社員全員がSQLを使う"越境型組織"ができるまでの3+1のポイント」
https://www.slideshare.net/livesense/150225-sql-foreveryone-45695818

生島　「わかっていないと、意味もわからんで使うおまじないになってしまうんよね」
大道　「こうしてみると、**図18-1**って修正前も後もRubyコード上のループ構造のパターンはほぼ同じですよね。これじゃあ、これでどうしてN＋1問題が解決するのか、ピンとこないんじゃないかなあ……」
生島　「同感！」

そこがまさにSQL初心者がORMを使うことへの違和感です。SQLを隠蔽(いんぺい)し過ぎると、結局SQLの本来の守備範囲である「表形式のデータを操作する」という感覚を身につけることが難しくなるように思います。それは長い目で見たときにIT技術者としてのスキル向上を阻害するのではないでしょうか。

18.4 インピーダンス・ミスマッチとは？

そもそも、インピーダンス・ミスマッチとはどんな問題なのでしょうか？（**図18-3**）

図18-3　インピーダンス・ミスマッチの正体は？

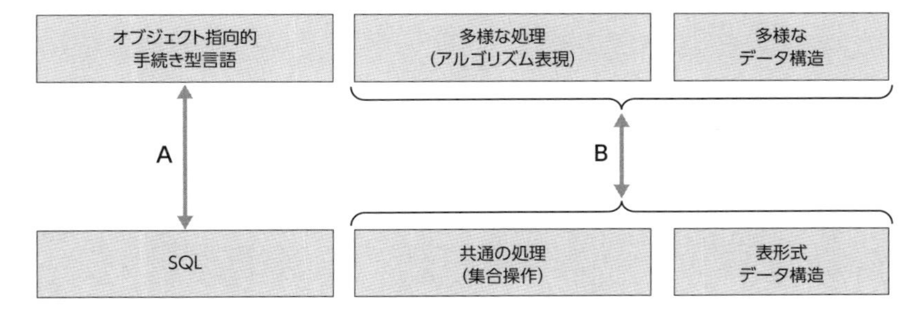

手続き型言語は多様なデータ構造に対する多様な処理（アルゴリズム）を表現することに向いた言語で、SQLは表形式のデータ構造に対する共通の処理（集合操作）を表現することに向いた言語です。この両者には「言語仕様」レベルでもギャップがあります（**図18-3**のAの部分）。たとえば、リザルトセットとオブジェクトの間で変換が必要です。一方、そもそもおもに想定しているデー

タ構造と処理パターンが違うというギャップもあります（**図18-3**のBの部分）。真のインピーダンス・ミスマッチはこのB部分の基本的な発想の違いです。

ORMはAのギャップを解消することはできますが、それによってSQLの隠蔽を進めると普段SQLを使わないことになるため、Bのギャップは逆に拡大してしまうのではないでしょうか。

SQLは何を表現しているのか？

そもそもSQLは何を表現しているのでしょう？　これを簡単にまとめると**図18-4**のようになります。

図18-4　SQLは何を表現しているのか？

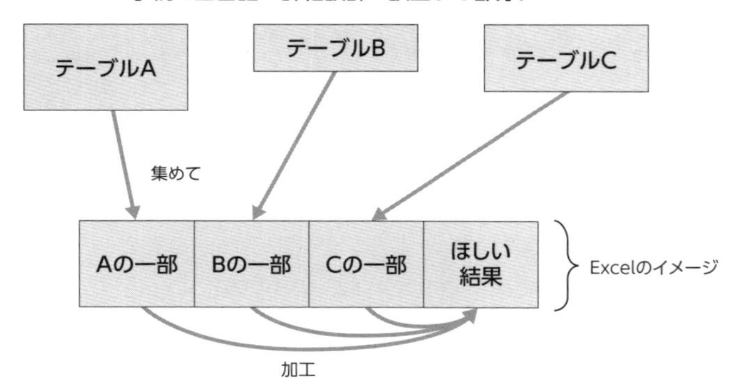

テーブルA、B、Cのように複数のテーブルから、関連のある必要な部分を切り出して集め、それを加工し、最終的にほしい結果を含めて1つの表にまとめるのがSQLのSELECT操作の本質です。ほしい結果を含む「1つの表」は第1章のエピソード5で書いたようにExcelの表を作って考えるのが最もイメージしやすいものであり、SQL文自体はそこに至る「集めて、加工する」操作を表現しています。

通常のプログラミング言語は**図18-2**や**図18-3**に記したように「多様なデータ構造に対する多様なアルゴリズムを記述」することが可能であり、その性質によって**図18-2**でいうライブラリからアプリケーションまでの幅広い記述能力を持ちますが、その分、扱いが面倒です。それに対してSQLは表形式データのマネジメントに限定して、アルゴリズムではなく「ほしいもの（要求）」を表現するだけで、それを実現する「アルゴリズム」はRDBMSが代わりに決定してくれる、実に簡単に使えるしくみなのです。

SQLベースで開発すると設計書類を減らせる

そのため、SQLをベースに開発を行うと、必要な設計書類も本来は手続き型言語をベースにしたときに比べて大幅に削減できます。

図18-5　開発で必要な設計書類

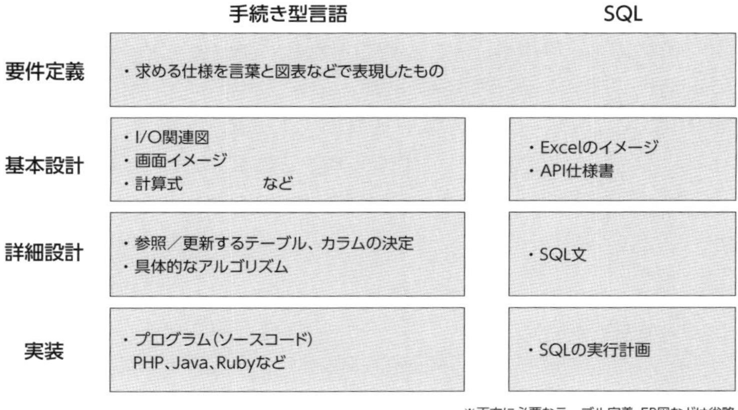

図18-5にその比較をしましたが、「要件定義」の段階では両者同じになりますが、ロジックを手続き型言語で記述する場合には基本設計、詳細設計で膨大な書類が必要になり、さらに実装段階でもプログラミング言語のソースコードを大量に書かなければなりません。第1章のエピソード5でも紹介しましたが、私の経験では要件定義で十数ページだった文書が基本設計・詳細設計で百ページを超え、実装されたコードはJavaで2万行に達したことがあります。その同じ機能をSQLで作りなおしたときには数枚のExcelシートで基本設計が済み、詳細設計は3つのSQL文で済んだため何十倍もの工数削減になり、かつ、性能もざっと100倍になりました。

結局、SQLならばDBエンジンが代わりに作ってくれる「実行計画」に該当する部分を手続き型言語では自分で書かなければいけないわけです。とくに困るのは、それに慣れてしまうとSQLを使うときも手続き型言語の感覚で実行計画のようなSQLの使い方をしてしまうこと。つまりそれが「ぐるぐる系」だったり、「場合分けの多用」だったりします。

18.5 SQLを理解してO/Rマッパーを使うなら問題はないが

お弁当屋さんでフロントが注文を受けて厨房が作るケースで例えましょう。フロントがアプリ側、厨房がDB側に相当します。この店が「餃子ランチ10食、酢豚ランチ10食」の注文を受けたとします。SQL発想ならその1行の注文書を厨房に渡してその2種類・20食を作り分け、全部できたところでフロントに送りますが、手続き型発想だと「餃子ランチ10食」「酢豚ランチ10食」と2回に分けて注文を出したり、「餃子ランチ1食」の注文を10回、「酢豚ランチ1食」の注文を10回出したり、あるいは「餃子10食、酢豚10食、飯20食、小鉢20食」のようにパーツごとに注文を出してフロント側でそれをランチとして組み立てたりといったことをやってしまいます。このときに必要なのが「ループ処理を使うアルゴリズム」で、手続き型言語ではこれを詳細設計に書いたうえでプログラミング言語で実装しますが、SQLならそれはDBが作る実行計画なので人間が書く必要はありません。

厨房が「複数の食材を集め、調理して1つのランチを組み上げる」作業はつまり、DBで言えば「複数のテーブルから関連するデータを集めて1つの請求書を作る」作業です。この種の仕事は本来DBのほうが得意ですが、そのためのSQL文は複雑なものになります。しかし、ORMは複雑なSQLを作るのには向いていませんので、ORMに頼った開発をしていると簡単なSQLですべてを済ませてしまい、性能も出ないしSQLへの理解も上がらず、無用なトラブルを引き起こす結果を招くのです。

もちろん、SQLをきちんとわかった者がORMを使うなら適材適所の使い分けができますが、現実には「DB側でやらせたほうが簡単にできるロジックを、無理にアプリ側で処理することを助長する」傾向のほうが目立ちます。

O/Rマッパーは実行計画もどきのSQLを助長しやすい

大道　「結局こういうことなんですかね……」

と大道君が**図18-6**を書きました。

図18-6　O/Rマッパーの欠点

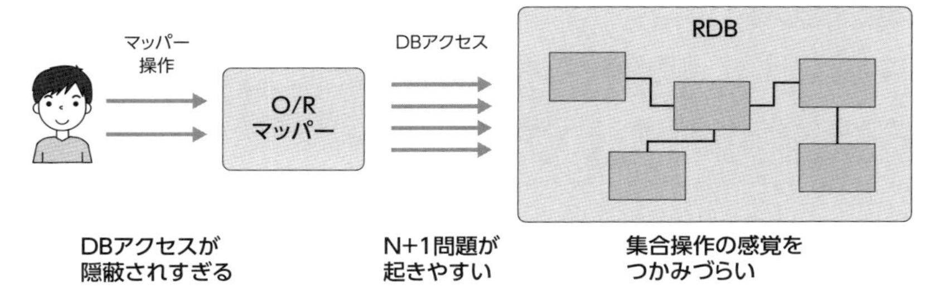

大道　「ORMはDBアクセスを隠蔽してくれる便利なしくみですけど、隠蔽し過ぎるといつどこでDBが呼ばれるのかも読み取りづらくなるためN＋1問題が起きやすい。しかも、隠蔽しているもんだから、RDBの基本である集合操作の感覚もつかみづらい。そうすると発想が手続き型のままだから、SQL初心者がORMを使って書くコードは手続き型でもないし、SQL的でもない中途半端なものになって、RDBの真価を発揮できないしメンテナンスもしづらいものになってしまう……ということでしょうか？」

生島　「そういうこっちゃ。インピーダンス・ミスマッチといっても、解消すべきはコードの書き方のミスマッチじゃなくて、頭の中の発想のギャップなんよ。そこに目をつぶって『SQLが理解できない』ことを理由にORMに頼るのは、その問題を固定化するようなもので、とてもお勧めできないね」

とはいえ、ORMの代わりに「文字列をベタベタ結合してSQLを動的生成する」というORM以前のよくあるやり方に戻るのはそれこそ面倒ですし、第4章エピソード14で触れたようにSQLインジェクションも誘発します。代わりにこの後のエピソード19～20で触れる、ストアドプロシージャを使い、DB担当を分けて分離開発を進める「APIファースト開発」がお勧めです。

エピソード19

テーブル設計の変更で大きな手戻りを発生させない方法

UIがカギを握るシステムにはプロトタイピングが不可欠

世界初の表計算ソフト、VisiCalcの開発者Dan Bricklin氏のTED講演（2016年11月）より。

「当時、ほとんどのソフトウェア開発者はいわゆるメインフレーム上で稼動する、パンチカードやプリントアウトで入出力するソフトウェアを作っていましたが、私にはインタラクティブなシステムの開発経験がありました。さらに、私の父が行っていた印刷の仕事から、私はプロトタイピングという手法を学んでいました。だから表計算ソフトを作るとき、私はまっさきにプロトタイプを作りました。そこで発見したのが、数式を表現する方法が意外に難しいということです。何度かの試行錯誤を経て私は『表』を作って縦横に位置をカウントすればいいことに気がつきました。そうして生まれたのが『表計算』ソフトであり、その方法が40年後

> の今も使われています。プロトタイピングは、インタラクティブなシステムに潜む隠れた問題を早めに発見できる優れた方法なのです」

19.1 新規開発やりますよ！

いつもは既存のあるいは開発中のシステムに関してパフォーマンスの相談を受ける取引先、浪速システムズの五代さんから今回は新規開発案件の相談を受けました。

五代「生島さん、ウチが依頼を受けたお料理レシピ投稿サイトの開発について、技術アドバイザという立場でご協力をお願いしたいんですが」

お料理レシピ投稿サイトというとクックパッドが有名です。一般にはCGM（コンシューマ・ジェネレーテッド・メディア）と呼ばれる、個人が発信した内容をデータベース化、メディア化したWebサービスの一種です。クックパッドもそうであるように、料理のカテゴリ（和・洋・中など）、使っている食材、所要時間や用途（パーティ用、お弁当用、子供向け、減塩・糖質制限など）といったさまざまな条件で検索できる必要があります。コンシューマ向けサービスですので、当たれば利用者数は100万単位で増えることでしょう。ちなみに、クックパッドは現在有料会員が100万人を超え、月間ユーザ数も5,000万人に達する巨大サービスに成長しています。

当然、下手な作り方をすると性能問題を起こす可能性があります。

五代「性能トラブルを起こしてから手を打つより、最初から意識して作ったほうがえぇと思いまして、生島さんにご協力してもらいたいんです」

と五代さん。確かにそのとおりなので、大道君を含む開発チームに対して私がコンサルタントとしてサポートする、ということで依頼を受けることにしました。

そこで、まっ先に提案したのがこの方針です。

生島　「極めて複雑なというほどじゃないにしても、そこそこ複雑なユーザインターフェース（以下、UI）が必要ですね……。でしたら、テーブル設計は後まわしにしましょ！」
五代　「えっ」
大道　「えっ」

大道君と五代さんが同時に驚きの声を上げました。無理もないことで、ほとんどの会社では普通そういうやり方はしないはずです。しかし、あるやり方をすれば、このほうがうまくいくのです。どういうことか、詳しく説明しましょう。

19.2 「テーブル設計は後まわし」の真意とは？

典型的なウォーターフォール・モデルの開発工程は**図19-1**のようになり、基本設計の段階でテーブル設計とUIを含む機能設計を行います。

図19-1　典型的なウォーターフォール・モデルの開発工程

フェーズ	
要件定義	→
テーブル設計	→
基本設計	→
詳細設計	→
実装・テスト	→

たいてい、実装を終えてからでも
手戻りがある

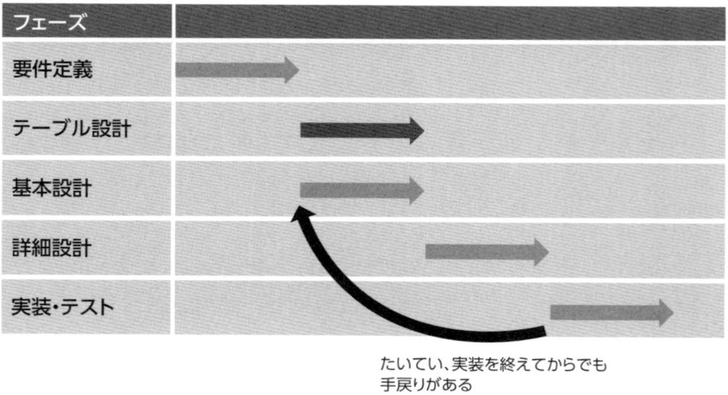

現在では早めにプロトタイプを作って利用者に操作感を確認してもらい、必要に応じて修正を加えながら進めるアジャイル的なスタイルを取り入れている開発案件も増えているとはいえ、基本はウォーターフォールというケースがまだまだ多く、五代さんたちもそう考えていたようです。しかしすでによく知られているように、この方式ではどうしても「手戻り」が多発します。

生島「新人ITエンジニアへの教育をやっているときだったら、『手戻りが起きるのは要件定義や基本設計をいいかげんにやっているからや！　きっちりやれ！』とうるさく言うことにも意味がありますけど、実際のところそれで手戻りがなくなると思いますか？」

五代「お客さんが仕様をきっちり決めてくれたら……」

生島「確かにそうなんですけど、お客様も、自分でもわからへんものは決められへんでしょ」

五代「確かに、やってみんとわからんもんはいろいろありますね。こういうコンシューマ向けサービスはとくにそういう面がキツイし……」

生島「問題は、UIの仕様変更があとになるほど、その修正がシステム全体に影響することが多くなるってことです」

テーブル設計の変更はシステム全体に影響する

図19-2に挙げたとおり、本来（1）バックエンドの仕様はフロントエンドのニーズに応じて決めるものです。

図19-2　テーブル設計を「後まわし」にしたほうがよい理由

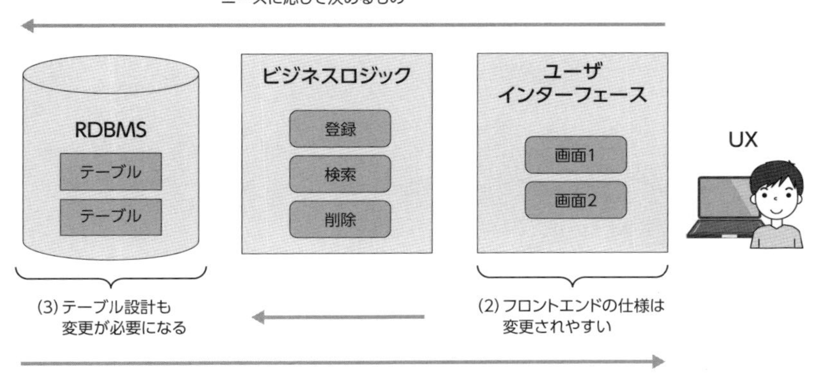

ここで言うフロントエンドとはユーザ体験（UX）およびそのために用意されるUIのこと、バックエンドとはビジネスロジックモジュールやデータベースのことです。ところが、（2）フロントエンドには仕様変更がどうしてもよくあ

ります。UXなんか使ってみないとわかりませんから、動くシステムができて使ってみてようやく「ああしたい、こうしたい」という具体的なニーズが出てくるわけです。

五代　「現実的にはそうやねぇ……」と五代さん。

困るのは、それによって（3）テーブル設計も変更が必要になり、（4）その影響がシステム全体に波及しやすいということです。画面のボタンの位置を変えるといった修正は1画面だけにとどまりますが、新しい情報項目を増やすような修正はそのテーブルを使う全モジュールに影響します。

五代　「そうなりますね……」
生島　「これを防ぐには、どうしたらいいですか？」
五代　「要件定義でしっかりヒアリングを……」
生島　「無理言うてますやん……不可能なことは要求しない方向で！」
五代　「ガハハ。結局のところ、使ってみんとUI/UXが決まらんいうことは、とっとと使わせて決めてもらうしかないんとちゃいますか。要するにプロトタイピング、アジャイル的なやり方で」
生島　「そう、それをやろうってことです。そのためにウチで採用してきた実績のある簡単な方法があるんですよ」
五代　「おお、どうやるんですか？」

19.3 インターフェース仕様書を書いてスタブ自動生成

おおまかな手順は**図19-3**です。

図19-3　Excelでインターフェース仕様書を書いてDBスタブを自動生成

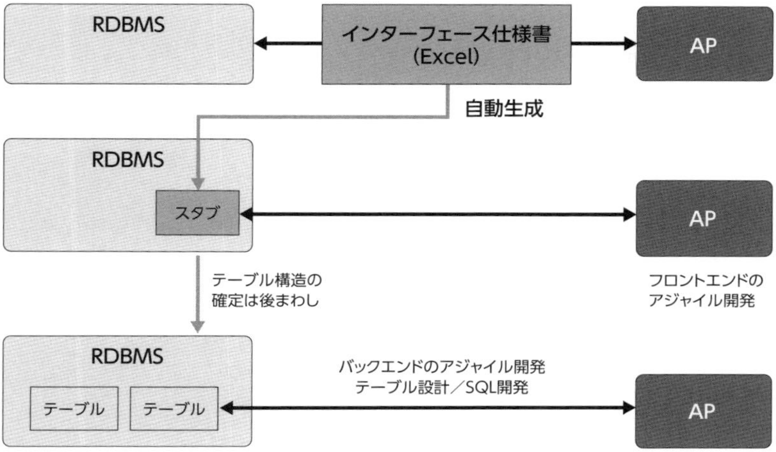

まず1段目、AP（アプリケーション）側からDB（データベース）へのインターフェース仕様書をExcelで書きます。

大道　「DBへのインターフェース仕様書？」
生島　「どんなパラメータを渡すとどんな結果が返ってくるか、を定義するわけ。詳しくはあとで説明するね」

そして、そのインターフェース仕様書からDBのスタブを自動生成します。自動生成はマクロでやります。スタブはDBのストアドプロシージャとして実装するもので、AP側からは本当のDB呼び出しと同様に使えます。で、**図19-3**の2段目ですが、このスタブを使ってアジャイル式にAPの画面を作り、フロントエンドの仕様を確定させます。ユーザはこの段階で、ダミーのデータでですが実際に動く画面を使ったうえでいろいろな要望を出せますから、ウォーターフォール型よりもずっと早くUI/UX要件を固めることができます。

そして3段目、フロントエンドの仕様が固まったら、バックエンドを作ります。テーブル、ストアドプロシージャ、SQL文などを確定させていくわけです。

五代　「それで……うまくいく、と？」
生島　「ウチでは実際にこれでやってきましたんで」

五代　「インターフェース仕様書ってどういうものを書くんですか？」

実例としては**図19-4**のようなものです。

図19-4　Excelで作るDBインターフェース仕様書

(a) プロシージャ名、機能概要

プロシージャ名	TEST_PROC
機能概要	名前と住所で顧客を検索する

(b) 引数定義

項	引数名	区分	必須	型	テーブル名	フィールド名	比較演算子	備考
1	PARM1	IN		TEXT		NAME	LIKE	1つめのパラメータ
2	PARM2	IN		TEXT		ADDRESS	LIKE	2つめのパラメータ

(c) 戻り値定義

戻り値			
項	フィールド名	型	備考
1	ID	NUMBER	主キーです
2	NAME	TEXT	名前
3	Bdate	DATE	誕生日
4	ADDRESS	TEXT	住所
5	TEL	TEXT	TEL
6	FAX	TEXT	FAX

(d) ダミーデータ定義

ID	NAME	Bdate	ADDRESS	TEL	FAX
1000	山田 太郎	1970/11/7	大阪府大阪市住之江区1	06-6666-7777	06-6666-8888
1001	佐藤 二郎	1970/11/8	東京都大田区蒲田2	06-6666-7777	06-6666-8888
1002	鈴木 一郎	1970/11/9	愛知県名古屋市中区4	06-6666-7777	06-6666-8888

スタブを生成したあと、AP側からは次のようなコードで呼び出す

```
CALL TEST_PROC("佐藤","東京")
```

プロシージャ名とその機能概要、引数、戻り値、ダミーデータをそれぞれ書きます。これを使って**リスト19-1、19-2**のようなスタブを自動生成します。

リスト19-1　スタブ（ダミーデータ定義）

```
CREATE OR REPLACE VIEW xTEST_PROC_VIEW AS
SELECT '1000' AS ID, '山田 太郎' AS NAME, CONVERT('1970/11/7', date) ↩
AS Bdate, '大阪府大阪市住之江区1' AS ADDRESS, '06-6666-7777' AS TEL, ↩
'06-6666-8888' AS FAX
UNION ALL SELECT '1001', '佐藤 二郎', CONVERT('1970/11/8', date), ↩
```

```
'東京都大田区蒲田2', '06-6666-7777', '06-6666-8888'
UNION ALL SELECT '1002', '鈴木 一郎', CONVERT('1970/11/9', date), ↵
'愛知県名古屋市中区4', '06-6666-7777', '06-6666-8888'
;
```

リスト19-2　スタブ（プロシージャ）

```
DROP PROCEDURE IF EXISTS TEST_PROC;

DELIMITER $$
/* ■□■□ TEST_PROC  名前と住所で顧客を検索する  */
CREATE PROCEDURE TEST_PROC
  (
  PARM1 TEXT  -- 1つめのパラメータ
  , PARM2 TEXT  -- 2つめのパラメータ
)
BEGIN

  -- 本番時は以下のSQLを修正し、このコメントを削除する。
  SELECT
    ID AS ID
    , NAME AS NAME
    , Bdate AS Bdate
    , ADDRESS AS ADDRESS
    , TEL AS TEL
    , FAX AS FAX
  FROM xTEST_PROC_VIEW
  WHERE
    1 = 1
    AND (NAME LIKE PARM1 OR PARM1 IS NULL)
    AND (ADDRESS LIKE PARM2 OR PARM2 IS NULL)
  ;

End
$$
DELIMITER ;
```

　これを使って生成したスタブはストアドプロシージャになり、AP側からはCALL文で呼び出せます（SELECT文と同じ扱い）。本番時にはそのストアドプロシージャの中身を、実テーブルを使うように置き換えればいいので、AP側の修正は不要です。

大道　「これは……SQLの知識がなくても書けます？」
生島　「そのとおーり!!　そこが大事なとこなんよ！」

5
開発を効率よく進めるためのアイデア

DB関連の設計／開発工程を合理化できる

DB屋から見ると、**図19-1**に書いたようなウォーターフォール型でよくあるやり方にはこんな欠点があります。

(1) テーブル設計がなかなか確定しない
(2) 全工程でDBのスキルが必要

(1) については先ほど書いたとおり、ユーザが実際に使えるのがあとになってしまうのが原因なので、プロトタイピングをすることによって解決できます。

(2) はAP側から生のSQLを使うことによって起きる問題です。本書でもこれまで述べてきましたが、SQLは通常フロントエンド側で使われる言語とは設計思想が違うため学びにくく、苦手としているエンジニアが多いものです。にもかかわらず生のSQLを使うと、苦手だからシンプルなSQLで済まそうとして「ぐるぐる系」と呼ばれる無駄に複雑な手続き型コードを書くようになり、開発工数もかさむし、性能も落ちるし、バグも出やすくなる結果を招きます。

ではどうしたら良いのか？　その答えの1つが本節で紹介する「Excelインターフェース仕様書→スタブ生成方式」です。

大道君が言うように、**図19-4**のようなインターフェース仕様書はSQLの深い知識がなくても書けます。スタブは自動生成できるので、フロントエンドの開発工程にはDBのプロはいりません。それがある程度進んでインターフェース仕様書がそろってくると、「AP側がどのようにDBを使うのか」が具体的にわかります。生のSQLではパラメータと戻り値がSQLの中に埋もれてしまってわかりにくくなりますが、Excelで分離して書いてあれば一目瞭然です。それをDBのプロが見れば、適切なテーブル設計をしたうえで合理的なSQL文を作ることができるわけです。

五代　「DBのプロって、なかなかいてないですからね……」
大道　「僕も勉強はしてますけど、まだまだですし……」
生島　「だから、DBとAPの開発をきっちり分離したほうがいいんですよ。これはそれを可能にする方法の1つなんです」

ほかにはO/Rマッパーを使うことによっても似た効果が得られますが、O/Rマッパーは、手続き型（オブジェクト指向）がSQL（RDB）を取り込む形で作られています。そのため、手続き型から見たら効率が良くなりますが、DB側の性能については考慮されておらず、RDB本来の性能を出してくれるわけではありません。DB側にインターフェースを作り、そのインターフェースのマッピングをするためにO/Rマッパーを利用すれば、手続き型とRDBの両方の性能を十分に活かせます。

19.4 DBアクセスをAPI化する「APIファースト開発」

この手法の1つのカギが、DBのインターフェース仕様書を書くことです。

生島　「こういうドキュメント、書いたことや見たことはありますか？」
五代　「ありませんね……」
生島　「私も、ウチ以外で作っているところを見たことがありません」

DBはAPに対してデータ管理機能を提供するプラットフォームです。プラットフォームには普通APIがあり、インターフェース仕様書があります。そして、APIはAP側の必要に応じてだんだんと進化していくものです。それはたとえばJavaScriptにjQueryやReact、Vueなどのライブラリ／フレームワークが生まれていった経緯をイメージしてもらえばわかると思います。

ところが、なぜかDBについてはインターフェース仕様書を書かずに使う会社がほとんどです。RDBMSはSQLとストアドプロシージャでかなり複雑な機能を提供できるので、「テーブルはこうなっているから、あとは自由に使ってや」とSQLを生で使わせるのではなく、APにとって使いやすい形のAPIを提供してあげたほうが、トータルでの開発効率が良くなります。そこで私はこの方法を「APIファースト開発」と呼んでいます。

本稿で紹介したようなインターフェース仕様書を書けば、「ああ、このAPは、こんな形でDBを使いたいんだな」ということがわかります。わかったら、それに合わせてDBのエキスパートがテーブル設計をし、どんなに複雑であっても最適なSQL／ストアドプロシージャを組んでAPIとして提供できます。そのためにはUI/UXのプロトタイピングを先行させ、あとでテーブル、SQL、ストアドプロシージャの設計・開発をしたほうが良いわけです。

五代　「なるほど……」

生島　「ということです。こんな形でやってみませんか？」

大道　「僕はやってみたいです」

五代　「お客さんの了解も取らなアカンので、今すぐ結論は出せませんけど……」

生島　「要件定義は『張りぼて』ですが動くプログラムで行います、と言われて嫌がるお客様は少ないと思います」

五代　「そやな……わかりました！　その方向で話してみましょう！」

エピソード20

データベース担当とアプリ担当は分けたほうが良い

異質な仕事は分業化して専門性を高めたほうがうまくいく

システムを構成するコードには大まかに（1）アプリケーションのコードと、（2）DBのコードがあります。（1）はPHP、C#、Java、Kotlin、Scalaのようなオブジェクト指向言語で書かれることが多く、（2）はだいたいSQLやストアドプロシージャ言語で書かれます。

生島　「今までのシステム開発や保守の経験を振り返って考えてみてほしいんやけど、（1）と（2）の作業の比率はトータルでどのぐらいになりそう？」
大道　「そうですね……。（1）と（2）が9対1ぐらいでしょうか」
生島　「とにかく圧倒的に（1）が多いわけやね。そこで次の質問だけれど、ある会社に10人のプログラマがいるとする。その10人は全員（1）と（2）を9対1の比率で担当するべきだろうか？　それともDBの仕事は誰か1人か2人に集めて専門化させるべきだろうか？　どっちが合理的やと思

> う？」
> **大道**　「SQLそのものは簡単ですけど、DB操作全体を合理的に設計するにはAPとは異質な知識と経験が必要ですから……専門化させるほうが良さそうな気がしますね」

20.1 ベテランSEでも意外にRDBとSQLのことは理解できていない？

APIファースト開発を使ったプロジェクトの進展を浪速システムズのプロジェクトリーダーの五代さんに尋ねると、「おかげさまで順調に進んでますわ！」とのことでした。

前節で紹介したAPIファースト開発の要点は、**図20-1**のようにDBからアプリ側に提供するAPIをストアドプロシージャで定義してやり、アプリからのDBアクセスは必ずそのAPIを通して行うようにすることです。それによって、メリット①～⑥のような効果が得られます。

図20-1　APIファースト開発のしくみ

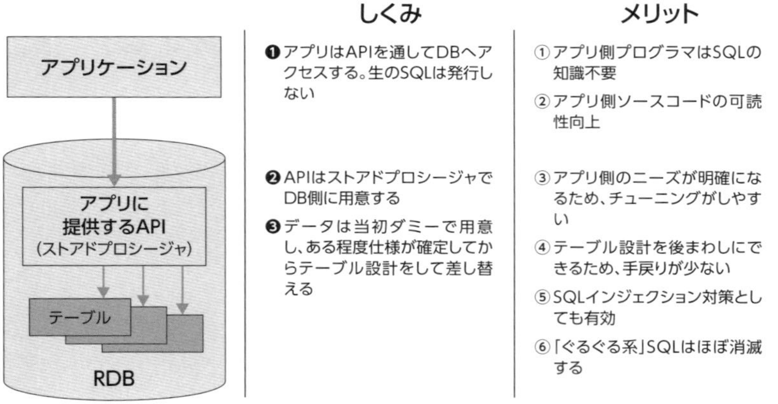

大道　「しかもこれ、別に勉強に時間がかかる複雑なツールを使うわけでもなく、Excelでストアドプロシージャのスタブを自動生成するだけじゃないですか。こんなやり方があったんだ、ってまるで目から鱗な感じですけど、どうしてこういう方法を考えついたんですか？」

生島　「原点として持っていた問題意識は、データベースをきちんとわかって使っているSEがあまりにも少ない、ということやね」
大道　「そこはこの半年で本当に痛感しています……」

大道君はこのところ既存システムのトラブルシューティングにもよく駆り出されていて、そのたびにあまりにも下手なSQLを見つけては唖然としているそうです。ベテランのSEでも意外にRDBとSQLのことは理解していないというのが現実で、それは私自身がこの20年もどかしく感じていることです。

大道　「でも、どうしてそんなことになっちゃってるんでしょう？」

と再び大道君。まだIT業界3年目と、若いからこそ抱く素朴な疑問だと思います。五代さんと私は思わず目を見合わせて苦笑いしました。その答えは、業界経験の長い私たちには共通の認識がありました。

20.2 プログラマは交換可能な部品扱いだった

簡単にまとめると**図20-2**のようになります。

図20-2　ベテランのSEやプログラマでもSQLをよく知らないのはなぜ?

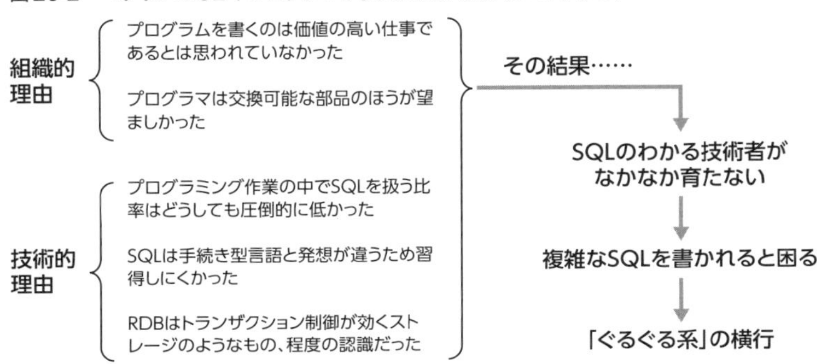

日本のIT業界では、プログラムを書くことを価値の高い仕事と見なさず、プログラマは交換可能な部品であるほうが望ましい、と考えるマネジメントが蔓延(まんえん)していました。「交換可能な部品」と思っているからこそ、「1人1月いくら」

の人月商売、技術者派遣ビジネスが成立していたわけです。最近はあまり聞かなくなりましたが、昔は「プログラマ35歳定年説」などとも言われていました。「いつまでもプログラマなんぞやってんじゃねえよ」と蔑むようなマネージャーの下で、素直な若者が技術習得に情熱を燃やすはずもありません。

一方、ただでさえ技術習得が重視されないのに、プログラミング作業の中でSQLを扱う比率はどうしても圧倒的に低く、その分勉強にあまり時間をかけられず、しかも手続き型言語と同じ発想では習得しにくいため理解が進まず、結果として「RDBはトランザクション制御が効くストレージのようなもの」程度の認識にとどまる技術者が多かったのです。

もちろん、トランザクション制御は一般にACID特性とも呼ばれる「一貫性を保ったデータの更新を保証する」非常に重要なしくみです。しかし、本書でこれまで述べてきたように、RDBへの問合せ言語としてのSQLの価値の真骨頂は、データを集合的に扱うことを可能にし、複雑なデータ処理を劇的に簡単にできることにあります。そして、これこそが手続き型言語と違う発想を必要とする部分のため、なかなか理解されていません。

以上のような組織的理由と技術的理由が重なってSQLのわかる技術者がなかなか育たず、たまにいても「複雑なSQLを書かれるとほかの人が読めないから困る」と規制されてしまうためますます技術向上の機会を失い、その結果「ぐるぐる系」と呼ばれるような下手なSQLが横行してしまうわけです。

五代　「というわけや。わかった？」

と五代さんに聞かれた大道君ですが、衝撃のあまり感想の言葉も出てこない様子。

大道　「う、嘘でしょ……と思いたいです」
五代　「まあ日本のIT業界の黒歴史やな、これは。もちろんウチらがこれの真似をする理由はないんで、大道君は本物のプロフェッショナルになってや」
大道　「もちろんそのつもりですよ！　でも……その組織的理由と技術的理由を解決することはできるんでしょうか？」
生島　「ああ、そのための策の1つが、今やってるAPIファースト開発なんよ」

20.3 DB担当とAP担当は分けたほうがいい

組織的理由については経営者層の考え方の問題であり、経営者に考えを変えてもらうしかありません。それができない経営者のいる会社はつぶれる、というかなり荒っぽい形で変わっていくことでしょう。

五代　「ウチは変わりまっせ〜、つぶさへんで〜」

と五代さん。はい、そのために私も協力してますから。

一方の技術的理由については、エンジニア側の動き方しだいで解決できます。そのために重要なのが、「DB担当とAP担当を分ける」ということです。

大道　「ああ、そうか！　APIファースト開発だとそれができるんですね？」

と大道君。そのとおり！

もう一度**図20-1**を見てみましょう。アプリからはAPIを通してDBへアクセスします。生のSQLは発行しません。そのため、「AP側プログラマにはSQLの知識は不要」です。その分、ストアドプロシージャを作るDB担当のほうにその仕事を分担させます。

大道　「でも、DB担当ができる人なんてそう多くないですよね？」
生島　「そこで、DB担当は複数のプロジェクトを受け持つ体制を組むわけ。どうしてもコードの量はAP側のほうが多いし、ユーザとの仕様調整に伴う細かい修正も多く発生するから、AP担当は1プロジェクト専任にする。DB側はストアドプロシージャを書く必要があるとは言っても、APに比べるとプログラミング負担は少ないから、DB担当のほうは複数のプロジェクトのDB側をまとめて受け持つ。こうすることで、DB担当はDBに集中でき、短時間でSQLスキルを向上させられるわけだ（**図20-3**）」

図20-3 「APIファースト開発」を可能にする組織体制
AP担当とDB担当を分離することによって、AP担当にはDBスキルが不要になり、DB担当はDBスキルを習得しやすくなる

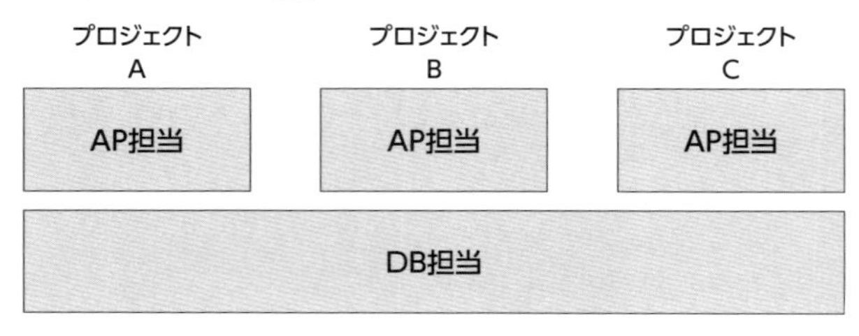

大道　「あ、なんだ、それってまさに今やっていることじゃないですか！」

そうなんです。実はお料理レシピ投稿サイトはまさにこんな体制で、画面の細かいところを作るAP担当プログラマが別にいて、大道君がDB担当、ただし、まだ心許ないので私が技術アドバイザーについている、という体制です。このしくみならDB関係の性能問題は大幅に予防できます。しかも、APのコードが単純化して開発工数が減りますし、DBスキルがいらなくなるので、新人エンジニアはまずAP担当にアサインして現場経験を積んでもらえます。

大道　「いいことずくめに思えますけど、でも、なぜそういう体制の現場が少ないんでしょうか？」
生島　「技術リーダークラスがSQLの価値をわかっていないと、こういう発想にはならないんだよね。DBなんてちょっと賢いファイルシステムでしょ、程度に思っていたら、データをファイルに書き出す部分だけ独立して担当させよう、なんて考えないでしょ？」
五代　「それもありますし、下請け型のSIビジネスの構造だとこれはやりにくかったんですわ。求人が『DBのプロ求む』じゃなくて、『APもDBもそこそこ書ける奴をとにかく頭数そろえて出してくれ』というような注文がくるんで、AP担当もDB担当も出しづらい……」

ひとことで言えば、IT業界に求められていたのは人足、いわゆるIT土方であって、プロフェッショナルではなかった……という悲しい実態です。とはいえ、それは過去の話、現代ではそのままでは通用しません。きちんとRDBのしくみを理解してプロの仕事ができる人材を育てていくべきでしょう。

そこで、本書も最終節ですし、ここまでのすべてをふまえて「DB担当とAP担当を分けたほうがいい」という理由をまとめておきます。

SQLは簡単に習得できるプログラミング言語である

まずは「SQLは簡単に習得できるプログラミング言語である」ということです。RDBが対象としている「表形式のデータ」を集合的に切り出し、加工して、結果をまた別な表にしたりもとの表に書き戻したりする操作（**図20-4**）のイメージを持っていれば、SQLならそれらの処理を非常に簡単に記述できます。

図20-4　SQLは表形式のデータ操作を簡単に行うことが可能

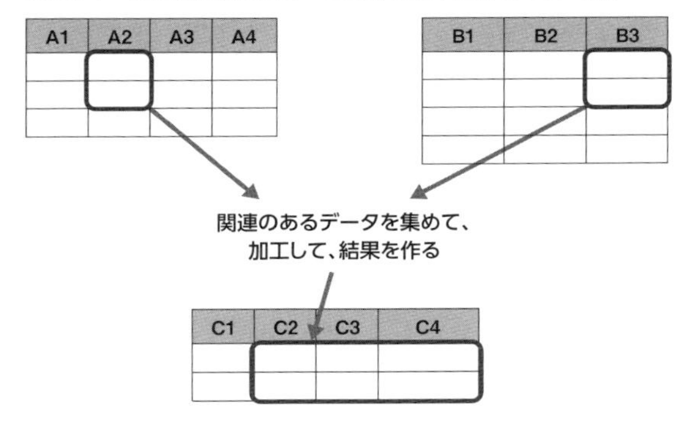

実際、普段Excelで事務作業をしている派遣社員さんにSQLを学ばせると、3日もあれば十分使いこなすようになります。したがって、SEが「複雑なSQLは保守しづらいから使いたくない」というのは本末転倒な話で、同じことを手続き型言語で書こうとすると何十倍も複雑なコードを書かなければなりません。単にSQLを勉強すればいいだけです。

大道　「そうですね、ほんと。集合的な操作をしているんだという目で見るようになったら、SQLって実は簡単なんだということがわかるようになりました」

ビジネスロジックもSQLで書くべきである

RDBを単にちょっと賢いストレージのようなものと考えていると、SQLも「データを単純に読み書きする手段」としか思えませんが、実際はビジネスロジックもSQLで書きやすいので、SQLを使うべきです。ここでいうビジネスロジックとは、注文数を集計したり料金を計算したりといった処理のことを言います。

たとえば「AかつBの場合はCの処理、AかつDの場合はEの処理……」のように場合分けをして処理するケースが業務システムでは頻繁にあります。SQL文が複雑化することを嫌ってこれらの処理も手続き型言語で実装している例が非常に多いです。しかし、そうすると「if 〜 then 〜 else」の入れ子を作ることになり、バグも出やすく開発工数がかさむうえに詳細仕様書を書かねばならず、性能も落ちるという結果を招きます。これらの処理も、CASE式という機能によってきめ細かな場合分け処理を簡単に記述することができるSQLで書いたほうが開発・運用のコストが抑えられます。

アルゴリズムを表す仕様書は不要になる

ここでいう仕様書は、「手続き型言語で実装するためのアルゴリズムを表した文書」のことです。通常、プログラマはエピソード17の図17-4（以下、**図20-5**として再掲）でいう「要求」を実現するために、それぞれの「言語」で「アルゴリズム」を記述します。これがプログラムです。「プログラム」を書く前に「アルゴリズム」を簡略に表現したものを「詳細仕様書」や「プログラム仕様書」の名前で書いている例が多いのですが、そもそも本質的に必要なのは「要求」であってアルゴリズムではありません。

図20-5　1億件のソート処理を実行するまでの流れ（図17-4の再掲）

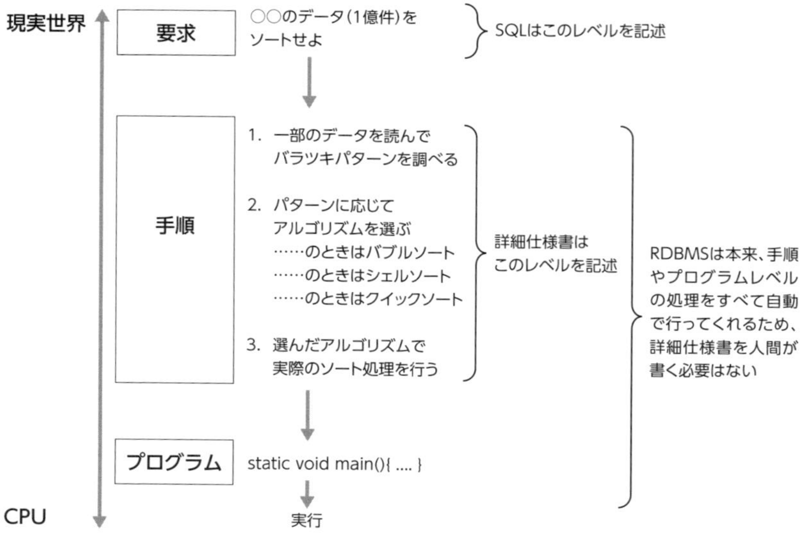

その点、SQLが表しているのは「要求」です。SQLもDBMSの内部ではループ処理に変換されて実行されるのですが、それはDBMSが自動的にやってくれるのでプログラマが手をかける必要がありません。つまり、SQLを使うなら**図20-5**でいう「プログラム」は不要、したがってその部分を表す仕様書も不要というわけです。

当然、仕様書を書く工数は不要になりますし、プログラマが書くコード自体も減ってシンプルなものになるためバグが入りにくい、という意味でも開発コストを減らすことができます。その実例については本書のエピソード18で述べました。

性能改善のためにもSQLの活用が効果的

加えて、要求を手続き型言語で実装する際に頻出する「ループ」は性能を悪化させる主要因でもあります。性能を改善するためには極力ループを書かず、SQL文を呼び出す回数やDB→AP間のデータ転送量を最大限減らすことが求められます。この件はいわゆる「ぐるぐる系」問題としてエピソード1、7、8で触れました。

ビジネスロジックをすべてSQLで書くようにすればループ処理はDB側に閉じた世界で完結させることができ、プログラミングも楽になるうえに性能も改善します。性能が改善するとその分スペックの低いサーバで処理できるため、運用コストダウンにも役立ちます。結局、開発・運用の双方でコストダウンになるため「性能改善のためにもビジネスロジックもSQLで書くべき」なのです。

ただし熟練するには専門的な勉強と経験が必要

しかしそんなにメリットがあるのに、実際に十分なレベルで「ビジネスロジックまでSQLで」書いている開発現場はあまりありません。おそらくその理由は、SQLを理解するために必要な「集合指向の考え方」が、手続き型言語を学んだときの感覚とギャップがあり過ぎて「よくわからん」となってしまっていることです。ほとんどの方が最初に学ぶプログラミング言語は手続き型をベースにしていて、学習の主要なテーマはループや条件分岐という「制御構造を理解」し、それを自分で使って「アルゴリズムを組み立てる」ことでした。つまり**図20-5**でいう「手順」以下の部分を扱うのがプログラマの仕事でした。C、Java、Python、Ruby、PHPなど主要な手続き型系言語はいずれも基本的に同じしくみの制御構造構文を持っていて、だからこそ1つの言語を覚えれば2つめ以降を覚えるのは楽だったはずです。

しかし、それがSQLについては通用しないため戸惑ってしまうとは思いますが、そこでSQLから逃げてはいけません。いったん手続き型の感覚を忘れて、SQLが扱う「表の集合操作のイメージ」を持って学んでいくべきです。したがって、「SQLに熟練するには専門的な勉強と経験が必要」です。SQLそのものは簡単な言語なのですが、けっして何の努力もなしに活用できるわけではありません。

本格活用にはRDB内部のしくみへの理解も必要

COBOLでは言語仕様の中に簡単なインデックスによってレコード単位でファイルにアクセスするしくみを持っていましたが、それに比べるとRDBのしくみははるかに複雑です。**図20-6**がそのイメージです。

図20-6　RDBMSは高度なデータ管理機能のカタマリ

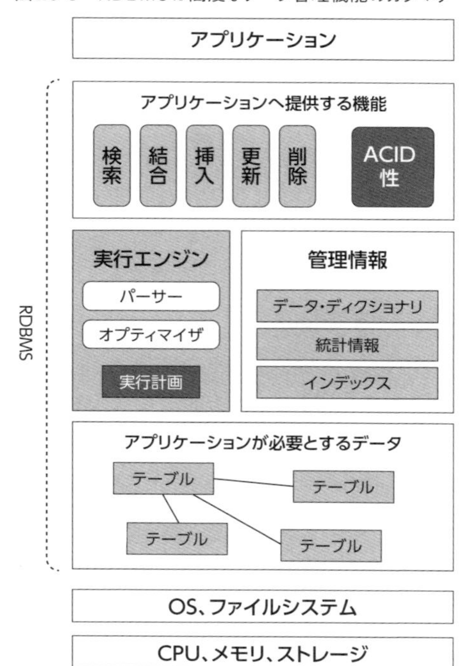

アプリケーションが必要とするデータは相互に関連のあるテーブルとしてモデル化されています。それに対する検索・結合などの機能をアプリケーションに提供するにあたってACID性が保たれるようにロックやトランザクションの機能があり、それを効率よく実行するために統計情報やインデックスがあり、SQL文そのものはパーサー、オプティマイザを通して実行計画に変換して実行される、というこれらのしくみを理解していないと性能トラブルはなかなか解決できません。COBOLの時代と違ってDBMS自体がインテリジェントに判断をして実行計画を組んでくれるのでプログラマにとっては楽な半面、性能トラブルを解決するときにはこれらの知識を持って実行計画を確認する必要があります。

時にはCPU、メモリ、ストレージの速度差というレベルまで考えることもあるぐらいで（エピソード11）、これらを理解していないと、RDBを使っているのに「JOINは禁止」といった妙なルールを作ってしまうこともあります（エピソード10、12）。SQLを本格活用するためにはRDB内部のしくみも含めて勉強していかなければなりません。問合せ言語であるSQLそのものは簡単な言語なのですが、それを活かして開発・運用のコストダウンを実現するには、RDBを熟知したエンジニアを確保するという壁があるのです。

五代　「そこなんですわ、ビジネスロジックもSQLで書くほうがえぇ、と言われて理屈としては理解できても、たとえばプロジェクトマネージャーや経営者のレベルでそれを聞いても自分がやれるわけじゃないからね……。実際に現場で手足を動かすエンジニアにRDBを熟知した人間がおらんと、今までのやり方を変えるのはなかなか踏み切れへんでしょうね」
生島　「そんな人材をどう確保するかですが、内部で育成しようという意思はありますよね？」
五代　「もちろんですとも！　だから生島さんにお願いしているわけで！」

20.4 担当を分けてAPIファースト開発を！

「RDBを熟知したエンジニアがいない」という壁を解消するためにお勧めしたいのが、「DB担当とAP担当を分離したAPIファースト開発での開発体制」をとることです。ストアドプロシージャやファンクションによりDBからAP側に提供する「API」をまず作り、AP側は生のSQLを発行するのをやめて、そのAPIだけを使ってDBにアクセスします。ビジネスロジックの大半はDB側に移してAP担当はUIに専念し、DB担当は逆にDBに専念する形で担当範囲を切り分けるわけです。

この場合のDB担当は最初からRDBについての十分な知識経験を持っていなくてもかまいません。大道君がそうであったように、「いつでも意見を聞ける、教えてもらえる相談役」が身近にいれば、いつもDBのことを考えているわけですから内部のしくみへの理解も短期間で深めていくことができます。

大道　「実際、今はAPIファースト開発のDB担当としてやらせてもらっていますけど、生島さんのおかげで1年前に比べるとすごく自信がつきました！」
五代　「私もそう思いますわ！」

さらにこの方式はアジャイル向きでもあり、スタブAPIをまず用意して仕様が変わりやすいUI部分を先行させ、UIが固まった時点でテーブル設計をしてスタブを実DBに切り替えることが可能です。当社では15年前から採用している方式で実績もあります。

APIファースト開発については随時勉強会[注3]も開いていますので、興味のある方はぜひおいでください。あなたの会社でも、APIファースト開発を試してみませんか？

注3　https://api-first.connpass.com/

あとがき

「LEFT OUTER JOINで右側に置いたテーブルのカラムがWHERE句に入ると、外部結合の結果は得られない」という話は、第1章 エピソード3で詳しく説明しました。本来INNER JOINで書くべきものなのか、外部結合の結果を期待しているバグなのか、SQL文を見ただけではわからない、非常に質(たち)の悪い書き方ですが、たとえば、オープンソースのパッケージにも多数存在し、たいていのプロジェクトで、ソースコードをgrepと正規表現を使って「`LEFT.*JOIN`」などで検索するだけで数十個以上の同様の書き方が見つかります。第5章 エピソード18で解説したようにO/Rマッパーを使えば使うほど、SQLの理解から遠のきますから、そのバグ（かもしれない箇所）の数は増え、見つけにくくなります。

それをバグだと理解してサブクエリで回避しようとしたのが、「はじめに」で紹介したD案件です。デスマーチになってしまいましたが、「バグである」と気づいているだけまだマシです。気づいてないシステムはほかに多く存在します。そのD案件がどんな案件で、なぜデスマーチになったのかは次のとおり。

- 大手商社の基幹システム
- COBOLから、Javaへのマイグレーション案件
- COBOLのファイル構造を引き継いだテーブル構造にする
- テーブル数が400超、データ量が数百GB単位（当時としてはかなり大きい）
- マスタに一意になるキーがない（COBOLでは珍しくなく有効期限と併せて一意になる）
- JOINは、LEFT OUTER JOIN決め打ちが共通仕様
- すべてのマスタをサブクエリにしてJOINすることが共通仕様
- 「ドキュメント（詳細設計書）を詳しく書かなければならない」というメンタリティ

サブクエリではなく結合条件として書けば何の問題もなかったのですが、複雑な帳票では十数個以上のサブクエリが必要となります。そのひとつひとつのサブクエリについて詳細設計書に細かく書くのですから、その量は膨大になり、大量の技術者を投入して人海戦術で対応しました。

サブクエリが増えればSQL文はたいへん書きにくく、読みにくくなります。結果として、ケアレスミスを含むバグが増えます。また、技術者が倍になったら、コミュニケーションコストは数倍以上に膨らみますから、絵に描いたようなデススパイラル、デスマーチになってしまいました。

さらに、10年間も保守を続けてきた担当者ですら、「結合条件として書けば良い」と理解していませんでした。D案件以外にも「`WHERE 削除フラグ = 0`」という条件のサブクエリをLEFT JOINしているプロジェクトに何度も遭遇しましたから、けっして珍しいことではないでしょう。

歴史的に見れば、RDBはまずは業務系で多く使われてきました。当時はCOBOLからのマイグレーションが多く、技術者もCOBOLからの転向組が多くいました。そんな彼らが考えたのが、「SQLはファイルの読み方が変わっただけ」と思ってやり過ごすということでした。つまり、「RDB≒ストレージ」と考えてやり過ごすということです。残念なことに、Webサービスやゲームを作っている技術者にもこの考え方が受け継がれています。「RDB≒ストレージ」と考えても、稼動するシステムを構築することは不可能ではありませんから、それを正しいと考えてキャリアを積み重ねてきた技術者も多いのではないでしょうか。

しかし、その考え方ではデータや利用者が増えたとき、さまざまなトラブルを起こしてしまうということを、本書で詳しく説明させていただきました。最も使われているのに、最も理解されていないSQL。正しく理解して正しく使えば、最も効果が上がります。

また現在、業務系でウォーターフォール開発をされている方も、Webサービス系でアジャイル開発をされている方も、手続き型言語とまったく違う概念のSQLを、同時期に、同じ人が設計・実装をされています。SQLを十分理解していたとしても、違う概念で考えるというのは難しいものです。ですから、分業を進めるための「APIファースト開発」についても提案させていただきました。

本書の内容は、2000年ごろまでに私が確立したすでに古典と言って良いものですが、常識とあまりにかけ離れているため、長い間理解されることはありませんでした。そんな常識外れな私を拾い上げて書籍にまでしていただいた技術評論社のみなさま、担当の吉岡さん、そして、常識外れの私の説を常識人にわかるように書き直してくれた開米さん。本当にありがとうございました。

読者のみなさまのシステム開発が、少しでも良くなることをお祈りして。

生島 勘富

索引

■ ひ

■ ふ

■ へ

■ り

■ ろ

■ わ

著者紹介

生島 勘富（いくしま さだよし）

株式会社ジーワンシステム 代表取締役。

フリーランスのエンジニアを経て、2003年に株式会社ジーワンシステムを創業する。その後、プレイングマネージャーとして多くのシステム開発に従事し、現在ではデータベースを中心としたコンサルティングを行っている。

本書の原案を担当。

・メール：　info@g1sys.co.jp
・Webサイト：http://www.g1sys.co.jp/
・ブログ：　https://sikushima.hatenablog.com/
・Twitter：　@Sikushima

開米 瑞浩（かいまい みずひろ）

1989〜2000年にかけてプログラマとしてシステム開発に従事するにあたり、「人と話をするのが苦手」なことから、「口下手でもうまく説明できる方法」を求めて図解を多用した結果、逆に「説明上手」という評判を得る。2003年から図解を軸に「説明する技術」の研修、コンサルティング・著述を行っている。『エンジニアを説明上手にする本 相手に応じた技術情報や知識の伝え方』（翔泳社）など、著書12冊。

本書の構成・文章・図解を担当。

・メール：　kai@ideacraft.jp
・Webサイト：http://ideacraft.jp/
・ブログ：　https://blogs.itmedia.co.jp/doc-consul/
・Twitter：　@kmic67

カバーデザイン●トップスタジオデザイン室（轟木 亜紀子）
本文設計●トップスタジオデザイン室（徳田 久美）
組版●株式会社トップスタジオ
イラスト●どこ ちゃるこ
編集担当●吉岡 高弘

Software Design plus シリーズ
SQL の苦手を克服する本
データの操作がイメージできれば誰でもできる

2019 年 9 月 7 日　初　版　第 1 刷発行

著　者　生島 勘富、開米 瑞浩
発行者　片岡　巌
発行所　株式会社技術評論社
東京都新宿区市谷左内町 21-13
電話　03-3513-6150　販売促進部
03-3513-6170　雑誌編集部
印刷／製本　港北出版印刷株式会社

定価はカバーに表示してあります。

ISBN978-4-297-10717-8　C3055
Printed in Japan

■お問い合わせについて

本書の内容に関するご質問につきましては、下記の宛先まで FAX または書面にてお送りいただくか、弊社ホームページの該当書籍コーナーからお願いいたします。お電話によるご質問、および本書に記載されている内容以外のご質問には、一切お答えできません。あらかじめご了承ください。

また、ご質問の際には「書籍名」と「該当ページ番号」、「お客様のパソコンなどの動作環境」、「お名前とご連絡先」を明記してください。

【宛先】
〒 162-0846
東京都新宿区市谷左内町 21-13
株式会社技術評論社　雑誌編集部
「SQL の苦手を克服する本」質問係
FAX：03-3513-6179

■技術評論社 Web サイト
https://gihyo.jp/book

お送りいただきましたご質問には、できる限り迅速にお答えするよう努力しておりますが、ご質問の内容によってはお答えするまでに、お時間をいただくこともございます。回答の期日をご指定いただいても、ご希望にお応えできかねる場合もありますので、あらかじめご了承ください。

なお、ご質問の際に記載いただいた個人情報は質問の返答以外の目的には使用いたしません。また、質問の返答後は速やかに破棄させていただきます。